All about Cider

シードルの事典

All about Cider

海外のブランドから国産まで
りんご酒の魅力、
文化、生産者を紹介

1

All

2

3

1 イギリスの生産者ワンス・アポン・ナ・ツリーの農園(P.62)。2 3 フランスのシードル専用品種りんごとシードル農家シードルリー・ユピーの子どもたち (P40)。4 果実の生育をチェックするスイスのシードル・デュ・ヴュルカンのジャック氏 (P75)。
写真提供：1 ワイン・スタイルズ 2 3 カルネ・グルモン 4 野村ユニソン

4

about

その土地の歴史や
風土とともにある
1本のシードル に
込められたストーリー

1 砕いたりんごを布に包み、板でプレスする伝統的な搾汁方法。 2 りんごを砕くミルはかつては馬力で動かしていた。ノルマンディのシードル祭りより。 3 イギリスで2番目に古いメーカー、シェピーズの古い搾汁機(P65)。写真提供：1 ワイン・スタイルズ 2 Man viy 3 FULLMONTY imports

1

Cider

2

1 アメリカのハードサイダー　タウンズサイダーで乾杯（P78）。**2** ドイツ、シュナイダーの野外パーティ（P72）。**3** アメリカ・サイダーライオットのタップルーム（P81）。**4** ドイツ・フランクフルトのアップルワイン祭り（P70）。写真提供：**1** 2 Towns Ciderhouse **2** MaY **3** ファーマーズ **4** ドイツ観光局

3

4

1

シードルの楽しみ方に
決まりはない
今日もどこかで、誰かと乾杯！

1 イギリスのサイダーショップ。2 フランスのシードル用カップ。3 フランクフルトの街路に埋め込まれたりんごマーク。4 ドイツのシードル用陶器のピッチャー、ベンベル。5 シードルとムール貝は相性抜群。写真提供：1 ワイン・スタイルズ　2 ブルトンヌ　3 森本智子　4 ドイツ観光局　5 アプルヴァル

2

3

4

5

CONTENTS もくじ

Part 1 もっと知りたい シードルの基本

Part 2 日本で飲める 世界のシードル

Part 3 今飲みたい日本のシードル

Part 4
シードルのある楽しい食卓

※ 掲載の商品は、時期によって売り切れ、内容変更がある場合がございます。あらかじめご了承ください。

※ 商品の写真は、2017年10月現在のもので、現在流通しているヴィンテージのものとはボトルやエチケットのデザイン異なる場合があります。

※ 中身の色味は、印刷の具合により、実際の色味と異なって見える場合があります。

※ 辛口度や味わいについては、あくまでも主観的な評価ですので、参考の一例とお考えください。

カバー撮影協力／ Bar & Sidreria Eclipse first

※ 商品は撮影時のもので、現行品とデザインが変更になっている場合があります。

もっと知りたい
シードルの基本

シードルの原料はりんごだけ[※1]

シードルは、
りんご果汁を
発酵させて造る
アルコール飲料
です

りんごの
自然な甘み、
酸味、旨みが
生きています

1ボトル(750ml)に
4～5個の
りんご[※2]
が使われています。

※1　香り付けに他の果物やハーブ、
　　スパイスを加えたシードルもあります。
※2　りんごの種類、大きさによって変わりますが、
　　日本の食用りんごを使った場合の目安です。

シードルは楽しいお酒

100%天然果汁、自然なおいしさ

りんごの果実を砕いて果汁を絞り、酵母菌で発酵させるシードルは、りんごのおいしさがそのまま詰まっています。甘みもりんごのもつ自然の甘さ。フレッシュなおいしさを味わってください。

シーンを選ばず、気軽に飲める

まずは乾杯というときや食前酒に、休日のランチのお供に、スイーツと一緒に、キャンプなどアウトドアで。シードルはシーンを選びません。好きなときに好きなように、気軽に飲めるのが魅力です。

アルコール度数が低いので、お酒の弱い人も楽しめる

シードルは辛口でもアルコール分5%前後、低いものは3%と低めです。アルコールが苦手な方、苦いお酒が好きではない方も楽しむことができます。＊一部アルコール分が高いものもあります。

りんごの種類、作り手によって個性いろいろ

国や地域で味わいもいろいろ。りんごの種類やブレンドの具合、醸造方法で、驚くほど味が異なります。これがシードルの王道、というものはありません。個性を飲み比べてください。

どんな食事も引き立て、主役にも脇役にも

シードルは食事のジャンルを選びません。洋風、中華、エスニック、もちろん和食にも。特に日本のシードルは、魚介やだしの味など和食に合うものが多いので楽しみが広がります。

ワインよりも自由にカジュアルに楽しめる

ワインのような格付けがなく、形式ばったテイスティングの作法やルールもありません。ワインよりカジュアルで、ビールよりおしゃれ。それがシードルです。

りんごの栄養×発酵の力で、体にやさしく健康的

「りんごが赤くなると医者が青くなる」という言葉があるように、りんごにはたくさんの栄養が詰まっています。シードルはりんごの栄養に、酵母の力も加わったヘルシーな飲み物です。

シードルについて知ろう

ますますシードルがおいしくなる、シードルの基本的な情報を集めました。
飲めば飲むほど、知れば知るほど、その魅力にはまっていく、そんなお酒です。

シードルという名称について

日本では総称的に「シードル」という名で呼ばれていますが、シードルはフランス語で、国によって呼び方は異なります。イギリス、アイルランドでは、Cider ＝サイダー、スペインでは、Sidra ＝シードラ、ドイツは、Apfelwein ＝アッフェルヴァイン（アップルワイン）、イタリアでは、Sidro ＝シドロ、または Sidre ＝シドレ、そしてアメリカでは、Hard Cider ＝ハードサイダーです。アメリカで「サイダー」は、ノンアルコールのアップルジュースのことを指します。

※ 本書では、一般的な解説や国産の製品の紹介には「シードル」という名称を使っています。

シードルはどこで造られる？

シードルを専門的に醸造する醸造所をサイダリーまたはシードルリーと呼びます。ワイナリーで造られるもの、クラフトビールを醸造するブルワリーとの兼業、日本酒の蔵元で造られるものもあります。

シードルの分類

大手メーカー以外のシードルは、造られる場所によって、大きく３つに分けられます。

農家のシードル・フェルミエ

りんご農家が、自家栽培、自家醸造するシードルを、フランス語でフェルミエ（農家のシードル）と呼ぶ。日本ではワイナリーなどに委託醸造することも。

ワイナリーブルワリーのシードル

ワイン醸造、ビール醸造の手法で造られるシードル。材料は農家から購入されるが、自家農園を持っているメーカーもある。

シードル専門醸造所のシードル

シードルだけを醸造するメーカー。日本ではまだ少ない。材料は農家から購入するか、自家栽培のものが使われる。

シードルの種類

発泡タイプ

密閉容器内で発酵させることにより、発生した炭酸ガスをとどめたタイプ。ほとんどが自然の発泡ですが、後から炭酸ガスを注入する製品もあります。

スティルタイプ

無発泡タイプ。一次発酵のみか、発酵で生まれる炭酸ガスを除いたもの。りんごワインとも呼ばれます。

アイスシードル

りんごを枝に付けたまま収穫せず、冬の外気の中でそのまま凍らせてから作るシードル。カナダなどでよく造られ、糖度が高く、アルコール分も高いお酒になります。果汁を凍らせて造る方法もあります。

フレーバード・シードル

洋梨を使ったペアシードルはよく知られていますが、その他、マルメロ、ベリー類、パッションフルーツなどの果実、ジンジャーを始めハーブ＆スパイスで香り付けをしたシードルもあります。

シードルのアルコール分はどれくらい？

アルコール発酵とは、酵母が糖を分解して、エタノールと二酸化炭素を生み出す活動です。生のりんごの糖度は平均して14度くらいですが、これが発酵してシードルとなると約半分（7度前後）のアルコール度数になると考えます。発酵の工程で糖分を残すと甘口に、発酵を進めて糖がアルコールに変わると辛口になります。

シードルの発酵、酵母について

りんごの皮には天然の酵母（野生酵母）が付いているので、果汁が外に出ることで自然にアルコール発酵が始まります。余計な菌を増やさず、安定した発酵をさせるために、必要に応じてシードル用の酵母を加えて醸造します。

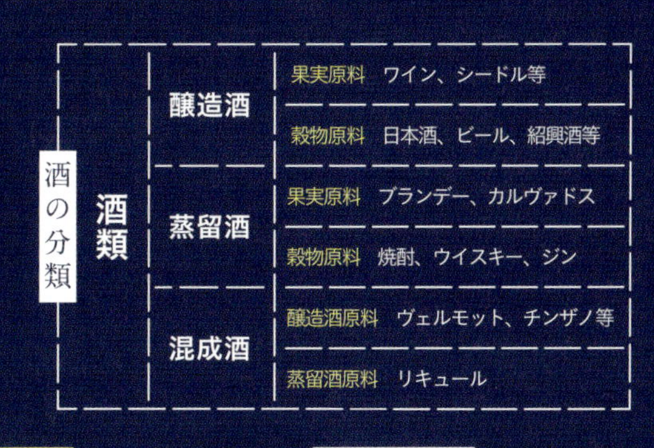

単発酵（ワイン、シードルなど）

果物など原料が糖分を多く含む場合、酵母さえあればそのままアルコール発酵させることができます。この発酵形態が単発酵です。

複発酵（日本酒、ビールなど）

原料が米や麦などの場合、原料に含まれているデンプンをまず糖に変える「糖化」工程が必要となります。二段階必要なため複発酵と呼びます。

シードルの酒税法上の分類

シードルは果実酒、発泡性酒類、または甘味果実酒に分類されるものがあります。

シードルの基本工程

シードルがどのように造られるのか、
基本の工程をご紹介します。
造られる国の伝統や
生産者によって
異なる部分はありますが、
概ね次のような工程です。

1 選果、洗浄

収穫したりんごは、病果などを取り除きながら、選果します。同じ品種のりんごでも、すべてが同じ味ではありません。それらを見極めながら造りたいシードルに合うように選んでいきます。そして水できれいに洗浄します。中を割って内部に虫や病気が発生していないか点検することもあります。

2 破砕

搾汁がしやすいように、りんごの実を丸ごと細かく砕く作業が破砕です。ミキサーやハンマークラッシャーという機械を使い、皮付きのまま砕いていきます。皮には酵母が付いており、ポリフェノールなどの栄養価が含まれています。

3 搾汁

破砕したりんごをプレス機にかけて、果汁を搾ります。プレス機は、水･油圧プレス、ベルトプレス、スクリュープレス、遠心分離機などがあります。もちろん、搾汁の方法によっても味わいは変わります。

4 搾汁後の分析

果汁の中で酵母が増殖するための条件を分析し、糖度、比重、pH値、酸度、窒素量などを数値にします。特に資化性窒素量（酵母が利用できる窒素）が足りないと、うまく発酵が進みません。

5 酵母の添加、発酵

果汁をタンクなどに入れ、酵母を添加して、だいたい1〜2日後にはぷくぷくと炭酸ガスが発生し発酵が始まります。発酵の進み具合は、比重測定などの分析を行い管理します。およそ2〜4週間で1次発酵が終了。比重計やアルコール分析を行います。

6 澱引き、ろ過

一次発酵終了後に、シードルを少し寝かせて不純物を澱（おり）として沈殿させ、上澄みだけを取る「澱引き」を行います。さらに、雑味を取るために必要に応じてろ過を行います。

7 二次発酵

一次発酵させた状態は、無発泡の「りんごワイン」の状態です。発泡させるための二次発酵を行います。一次発酵で糖がなくなっているので、酵母のエサとなる糖や果汁を添加します。タンク、樽で二次発酵させてから瓶詰めする場合と、瓶に詰めて瓶内二次発酵させる手法があります。

シードルの醸造キーワード

シードルの醸造は数種類の方法がありますが、
発酵を1回で終わらせる「瓶内一次発酵」と、発酵を2回行う方法があります。
多くは2回発酵させています。一次発酵をタンクで行って、二次発酵は、
タンクのほか瓶、樽、またはキーケグなど、生産者ごとに個性を出しています。

二次発酵について

一次発酵をタンクで行った場合、発酵中に出た炭酸ガスは空気中に放出され、泡のないりんご酒になります（この状態で瓶詰めするものもあります）。りんご酒を再度発酵させて泡を造り出していくのが、二次発酵です。二次発酵は、発酵させる容器の大きさで味わいが変わります。一般に大きい容器ほど酸化のリスクが少ないといわれます。瓶内二次発酵の場合、同銘柄でも375mℓ、750mℓ、1500mℓでは、飲み比べると味が違うことに気づきます。

シャルマ方式（密閉タンク方式）

一次発酵が終わったりんご酒と酵母を大きなタンクに密閉して発酵させる方法。二次発酵ででる澱の濾過もしやすく、大量のシードルを一度に扱える合理的な方法です。密閉されているので品質管理もしやすく大量生産に向いています。

ケグ内二次発酵

ケグ＝樽など、大きい容器で発酵させる方法です。樽の代わりに開発された使い捨ての容器、KEYKEG®＝キーケグで発酵させる方法もあります。キーケグは酸素がほとんど入らない構造なので、酸化のリスクがなく二次発酵させることができます。

瓶内二次発酵（シャンパーニュ方式）

りんご酒、糖分を瓶に詰めて瓶の中で二次発酵させる方法。加えた糖分（ショ糖、ブドウ糖、果糖、濃縮ジュースなど）を、瓶内で酵母が消化することにより、炭酸ガスが生まれます。一次発酵で減った酵母を再度添加したり、栄養剤も添加して、スムーズな発酵の手助けをすることもあります。瓶詰したシードルは、8～14℃の場所に置いて二次発酵をさせます。最初の1～3か月で、発酵自体は終了し、炭酸ガスが発生しますが、3か月～1年置いて味が落ち着いてから出荷します。

カーボネーション方式（炭酸ガス圧入溶解方式）

一次発酵が終わったりんご酒に炭酸ガスを注入する方法。炭酸ガスは、タンクに入ったままのりんご酒に注入する方法と、瓶に詰めた後に注入する方法があります。

トランスファー方式

一次発酵が終わったりんご酒、糖分、酵母を瓶に詰めて、瓶の中で発酵させ炭酸ガスを含んだりんご酒に仕上げます。炭酸ガスが含まれているりんご酒を加圧できるタンクに一旦移して、まとめて濾過を行った後に改めて瓶詰する方法。

味わいを変える独自の工程

シードル醸造の工程は、国や生産者によって少しずつ異なります。それは色や香り、味わいの違いを生み、シードルの個性となります。果汁の扱いや発酵の方法など、知っているとテイスティングに役立つ製法の一部をご紹介します。

乳酸による マロラクティック発酵

乳酸菌を加え、りんご酸と乳酸による発酵を促す方法です。りんご酸（Malic acid）と乳酸（Lactic acid）による発酵（Fermentation）ですので、Malo-Lactic Fermentationと書き、略してM.L.F発酵とも呼ばれます。酸をまろやかにし、味に乳製品系の香りを加え、複雑味を出します。

キービング製法

発酵前の果汁に塩化カルシウムを加えてペクチンと一緒に発酵に必要な栄養素を取り除き、発酵させる方法をKeeving（キービング）といい、発酵が抑制されて甘みが残しながら、すっきりとした味わいのシードルになります。

キュバージュ

破砕したりんごをすぐに搾汁せずに、何時間かそのままの状態にしておいてから搾汁する作り方です。スキンコンタクトの意味合いと、わざと酸化させることにより、色と香りを出す方法です。

カルヴァドスの樽で香りづけ

一次発酵がおわったりんご酒を、カルヴァドス（りんごのブランデー）醸造後の樽に移して熟成させる方法です。優しい泡、複雑で繊細な香りと味わいが生まれます。

COLUMN

メトード・リュラル方式とは？

果汁に酵母を加え、一次発酵の途中のりんご果汁を瓶詰めしてしまい、果汁の残りの糖分によって瓶内発酵を進めて作る方法です。糖分がアルコールに変わる時に出る泡（炭酸ガス）をそのまま瓶の中に閉じ込めます。瓶に詰める段階で仕上がりの味を予想して瓶詰のタイミングを見計らったり、味を調えるためには、経験に裏付けられた技術が必要です。ちなみにメトード・リュラルとはフランス語で、メトード＝製法、リュラル＝田舎、という意味のワイン用語です。

世界のシードルとりんご

りんごは中央アジア原産ですが、世界各地で栽培されています。
世界のりんごの生産量、シードルの生産量を見てみましょう。

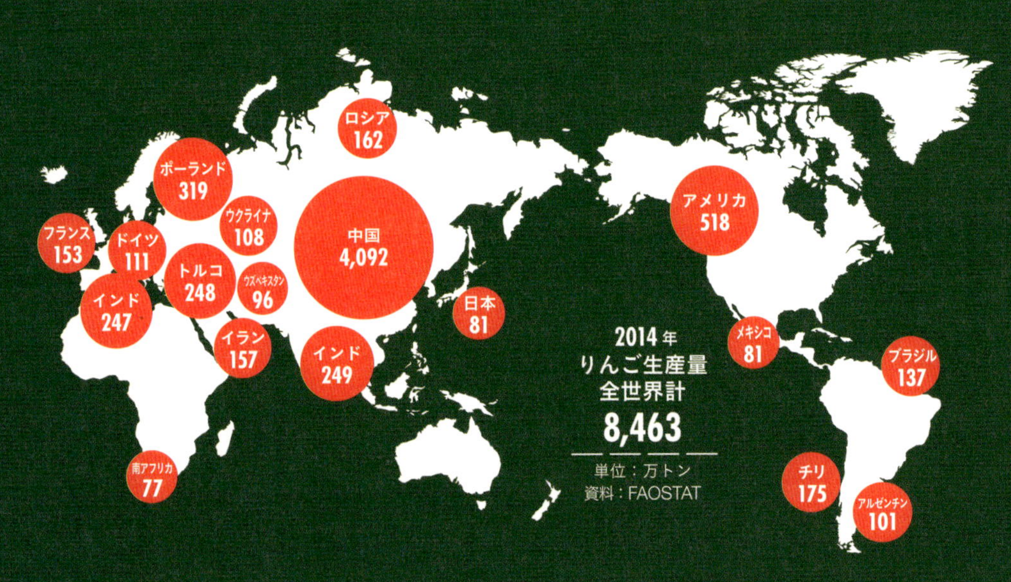

シードルの産地

シードルの伝統的三大産地といえば、イギリス、フランス、スペインです。右のグラフは、世界のシードルマーケットの各エリアの割合ですが、ヨーロッパが圧倒的なことがわかります。ヨーロッパ内では、イギリスが生産量、消費量ともに1位で、全体の45%を占めています。2014年と2016年を比べてみると、北米のシェアが倍以上に伸びていることがわかります。

シードルの生産量 資料：AICV

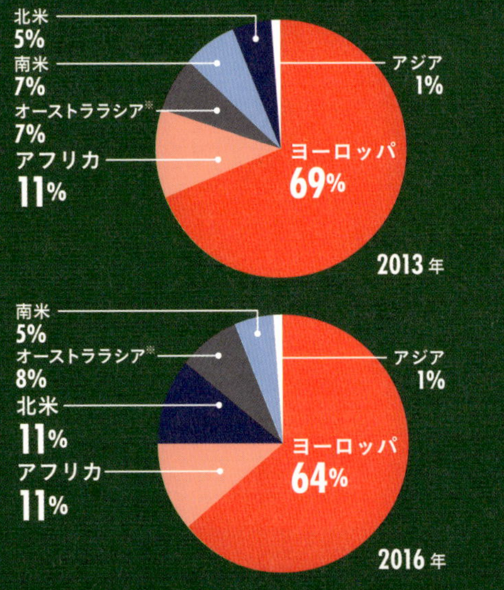

※オーストラリアとニュージーランド、および周辺諸島

海外の代表的なシードル用りんご

欧米では、日本の生食用のりんごとは異なる、シードル専用のりんごが栽培されています。皮が厚く、小ぶりで、硬め、生で食べると酸味や苦味が強いものも多く、多品種のりんごをブレンドして作られることが多いです。

日本のシードルは、生食用のりんごが使われています。糖度が高く、単一品種で作られるものも多いです。日本のりんご栽培の技術はたいへん高く、生で食べておいしいりんごをシードルにしていますので、海外のものとはまた異なるフレッシュな風味があります。

シードル用のりんごを大きく分類すると、以下の4つのタイプに分かれます。

・ビターシャープ（酸味と苦味がある品種）
・ビタースイート（甘味と苦味がある品種）
・スイート（甘味が強い品種）
・シャープ（酸味が強い品種）

苦味の多いりんごはシードルの厚いボディを作り、糖分の多いりんごはアルコールの元となり、酸味の強いりんごはシャープな味わいを作ります。

フランス

Kermerrien（ケルメリエン）、Marie Ménard（マリー メナール）、Peau de chien（ポ ド シアン）、Guillevic（ギルヴィック）、Dous Moën（ドゥース モエン）、Douce Coët Ligné（ドゥース・コエリニェ）、Petit Jaune（プティ ジョーヌ）

イギリス

Cox's Orange Pippin（コックス・オレンジ・ピピン）、Dabinett（ダビネット）、Kingston Black（キングストンブラック）、Redstreak（レッドストリーク）、Stoke Red（ストークレッド）、Yeovil Sour、Knobbed Russet、Muscadet de Dieppe、Golden Spire Tremlett's Bitter、Brown Snout Dymock Red、Foxwhelp

スペイン

Errezila（エレシラ）、Geza mina（ゲサ・ミニャ）、Goikoetxea（ゴイコエチェア）、Mokoa（モコア）、Mozoloa（モソロア）、Patzuloa（パトゥスロア）、Txalaka（チャラカ）、Ugarte（ウガルテ）、Urdin sagarra（ウルディン・サガラ）、Urtebi txikia（ウルテビ・チキア）

アメリカ

Baldwin（ボールドウィン）、New Town Pippin（ニュータウンピピン）、Golden Russet（ゴールデンラセット）、Roxbury Russet（ロックスベリー ラセット）、Vista Bella（ヴィスタ　ベッラ）、Winesap（ワインサップ）

日本のシードルに使われるりんご図鑑

日本ではシードル専用品種ではなく、生食用のりんごが使われます。
シードル造りにも使われる、日本で栽培されている代表的なりんごをご紹介します。

☆ 紅玉（こうぎょく）

アメリカ原産。小ぶりで、真っ赤に色づき、香りと酸味が持ち味。

△ ふじ

国光とデリシャスの交配種。果汁が多く、バランスのよい味。

○ 王林（おうりん）

青りんごの代表的品種。甘みが強く、香りも芳醇。

☆ メイポール

果肉も赤い、姫りんごの一種。酸味が強く、さわやかな香り。

△ さんさ

ガラとあかねの交配種。果汁が多く、さっぱりとした甘み、酸味。

△ すわっこ

下諏訪で生まれた品種。皮の色が濃い。甘みが強く、濃厚な味わい。

△ 陽光（ようこう）

群馬生まれ。果汁が多く、甘さと控え目な酸味が特徴。

△ シナノレッド

つがるとビスタベラの交配種。ジューシーでさっぱりとした味わい。

△ シナノスイート

ふじとつがるの交配種。長野を代表するりんご。柔らかな甘みが魅力。

▲ 糖度を活かすりんご　ふじ、シナノゴールド、つがる、シナノスイートなど

★ 酸味を活かすりんご　紅玉、ブラムリー、グラニースミスなど

● 香りを活かすりんご　王林、とき、ゴールデンデリシャス、ジョナゴールドなど

★ ブレンハイムオレンジ

イギリス原産。生食では酸味が強すぎるが、加工すると絶妙な味わいに。

▲ シナノゴールド

ゴールデンデリシャスと千秋の交配種。甘みと酸味のバランスがよい。

▲ 秋映（あきばえ）

千秋とつがるの交配種。甘みも酸味も強く、香りも濃厚。

▲ ブラムリーズ シードリング

通称ブラムリー。イギリス原産の酸味が強いクッキングアップル。

★ アルプス乙女

松本市で生まれた姫りんご。ピンポン玉ほどの大きさだが甘みがある。

▲ グラニースミス

オーストラリア原産の青りんご。さわやかな酸味と香りが特徴。

● ぐんま名月

群馬生まれの、あかぎとふじの交配種。甘くてジューシー。

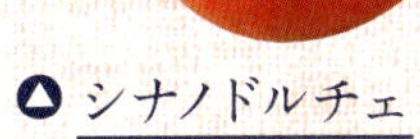

▲ シナノドルチェ

ゴールデンデリシャスと千秋の交配種。果汁が豊富で濃厚な味わい。

▲ つがる

青森生まれの、ゴールデンデリシャスと紅玉の交配種。優しい酸味。

資料：長野県飯綱町

シードルの起源について

シードルはいつ頃どこで造られ、どのように伝えられたのでしょうか？
起源説はさまざまありますが、いくつかの参考文献をもとにたどってみました。

古代エジプト、ピラミッドの壁画に描かれたワイン造りの工程

果実酒は紀元前から飲まれていたが、りんご酒は？

りんごは、世界でいちばん歴史が古い果物であり、原産地である中央アジアのコーカサス・カザフスタン、中国の天山山脈から、遊牧民とともにヨーロッパへと伝えられていきました。トルコでは約8000年前の炭化したりんごが発見されていて、新石器時代から栽培が始まっていたとされています。

では、りんごのお酒、シードルが最初にどこでどのように造られ、どのように広まっていったのでしょうか。起源にまつわるエピソードは諸説あり、検証が難しい状況です。

世界最初の文明と言われるメソポタミア文明の紀元前4000年頃の遺跡から、果実の汁を搾るための石臼が発見されており、ワインやビールはこの頃に最初に造られたとされています。

紀元前3100年から1500年頃に栄えたエジプト王朝のピラミッド内の壁画には、ピラミッドの壁画でぶどうをつぶしてワインを造っている絵はありますが、りんご酒の記録はありません。新国王の時代、紀元前1000年にはナイル川デルタ地帯でりんごが栽培されていたとされます。

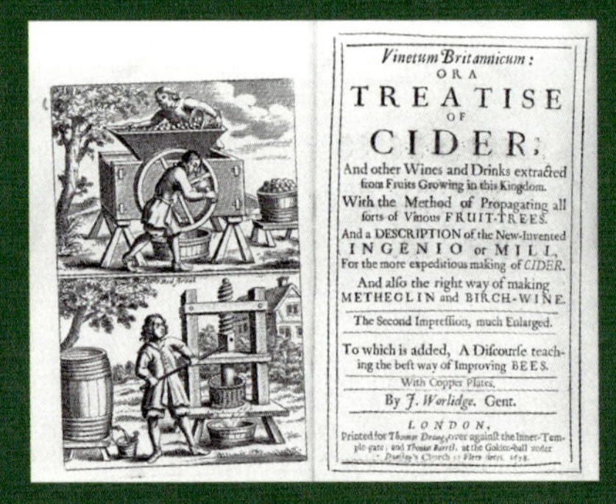

Vinetum Britannicum:
OR A
TREATISE
OF
CIDER;
And other Wines and Drinks extracted from Fruits Growing in this Kingdom.
With the Method of Propagating all sorts of Vinous FRUIT-TREES.
And a DESCRIPTION of the New-Invented INGENIO or MILL, For the more expeditious making of CIDER.
And also the right way of making METHEGLIN and BIRCH-WINE.

The Second Impression, much Enlarged.

To which is added, A Discourse teaching the best way of Improving BEES.

With Copper Plates.

By J. Worlidge. Gent.

LONDON,
Printed for Thomas Dring, over against the Inner-Temple-gate; and Thomas Burrel, at the Golden-ball under [illegible]

1676年にイギリスで出版された、シードルや果実酒の本

古代ケルト人がりんご酒造りの技を持っていた？

同じ頃、中央アジアから西へ、ヨーロッパ各地へ移動していったケルト民族は、ワインやりんご酒を造る文化を持っており、

シードルの普及に一役かっているのではないかと考えられています。ユリウス・カエサル率いるローマ軍の「ガリア征服」の記録には、ケルト民族が野生の小粒のりんごを使ってシードルのような飲み物を造っていたことが書かれているそうです。

紀元前1世紀中頃、ローマ帝国が誕生すると、りんごの接ぎ木の技術がローマにもたらされ、ローマ人は20種以上ものりんごの栽培に成功したといわれています。ぶどう、オリーブ、オレンジなども盛んに作られ、大きな農園に圧搾機が導入されるようになりました（オリーブの実の圧搾用）。この圧搾機を使ってりんごが簡単につぶせるようになり、お酒が造られるようになったのではないかと推測されています。この時代に作られた果実のお酒は、総称してCicera（シセラ）と呼ばれており、これがシードルの語源ではという説もあります。

圧搾機の普及により、りんご酒が一般化するように

ローマ人によるヨーロッパの侵攻、支配とともに、スペイン、フランス、イギリスにりんご栽培が広まりました。ただし、スペインではそれよりも古くから、野生のりんごでりんご酒を造っていたという説もあります。

9世紀にはフランク王国の王であり、神聖ローマ帝国の皇帝でもあったカール大帝はビール、りんご酒、洋なし酒の製造のため醸造技術者を自らの領土に在住させる布告や、シードルの製法に関する記述を残しています。

11世紀にはフランス・ノルマンディ地方、ブルターニュ地方でりんご栽培が定着。シードルも盛んに造られました。11世紀中盤にイングランドがノルマン人に征服されると、りんごの栽培に理想的な気候風土だったイギリス西部で、りんごの栽培、シードルの生産が盛んになったといわれます。イギリスに渡ったシードルは、サイダーと呼ばれるようになって、ヨーロッパ各地に広まりました。19世紀初期には海を渡ってアメリカ・ペンシルバニアに伝わり、アメリカでもシードルの歴史が始まります。

第一次世界大戦後、りんごの木の減少によってシードルの需要も減ってしまい、その後も下火になっていきますが、1985年頃から、ヨーロッパ各国で少しずつ息を吹き返しはじめ、最近はアメリカでもシードルの消費と生産が伸びています。

アメリカの画家トーマス・ウォーターマン・ウッドによる「New Cider」1868年

シードルのテイスティングのポイント

泡立ち、色、香り、口当たり、余韻、それぞれのシードルの個性を味わいましょう。
シードルの味わいの記録にも役立つ、テイスティングのポイントをまとめました。

色

ほのかな黄色

レモンイエロー

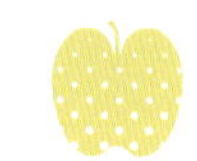
明るい金色

黄金色

琥珀色

ロゼ

発泡の目安

多い	大きな泡が多く、口の中でピリッとする
やや多い	泡が大きめ、はっきり立ち上る
普通	細かな泡が立ちのぼる
少ない	微炭酸
なし	スティル

透明度

クリア	グラスの向こう側がはっきり透けて見える
曇り	透明に近いが、やや曇って見える
無ろ過	濁っていて、グラスの向こう側が見えない

イメージ

カジュアル	ライトな味わいで気軽に飲める
フレッシュ	清々しい香り、若く角がある感じ、深みはないがキレがある
エレガント	味のバランスがとれている。上品でエレガントな味わい
リッチ	熟成感とコクがある。蜜の香りや深い味わい。
ワイルド	野性味がある味わい。苦味やドライ感、発酵臭。

※ 日本シードルマスター協会発行「シードルテイスティングノート」より

香味チャート

甘味、酸味、タンニンはシードルの味を決める重要な要素です。その他に、さまざまな香味を感じることができますので、参考にして味わってください。

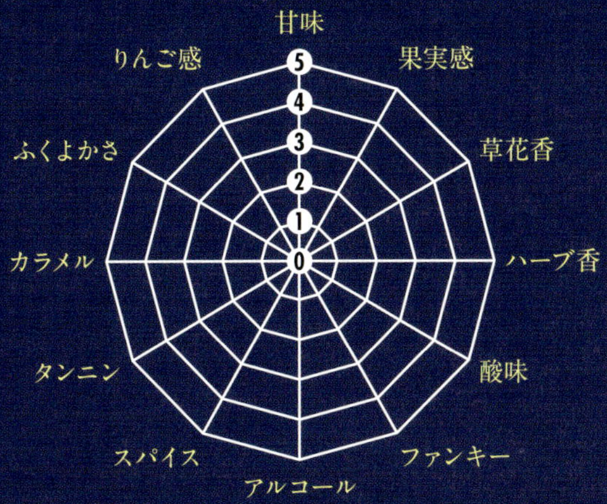

甘味
りんご感
果実感
ふくよかさ
草花香
カラメル
ハーブ香
タンニン
酸味
スパイス
ファンキー
アルコール
5
4
3
2
1
0

甘味
三大要素

りんごの糖は発酵が進むにつれて減少し、アルコール分に変わります。シードルの甘さは果実由来のものと、補糖によるものがあります。

果実感

りんごの果実感のほかに、ほかの果汁を加えたもの、シトラスやベリーの香りを加えたものもあります。

草花

草花のようなさわやかな香り、また、酪農地域のシードルでは干し草の香りを感じることもあります。

ハーブ

草花よりも、よりしっかりとした芳しいハーブのような香り。ローズマリーやカモミールなど。

酸味
三大要素

りんごらしい酸味。スペインのシードラ・ナトゥラルは、りんごの酸に加え、まろやかな乳酸の風味を感じます。

ファンキー

チーズ、家畜など、野性味あふれる香り。好き嫌いは分かれますが、クセになる人もいます。

アルコール

同じアルコール度数でも、アルコールを強く感じるもの、そうでないものがあります。

スパイス

りんごの皮についた野性酵母を生かしたシードルは、クローブのような香りがすることがあります。

タンニン
三大要素

タンニンはポリフェノール由来のもので、控えめな渋みや苦味を感じます。

カラメル

甘さの中にほのかな苦味を感じることがあります。

ふくよかさ

柔らかく、厚みのある味わい。バランスのとれた味の中に、ふくらみを感じます。

りんご感

甘口やや甘口のシードルに感じる、りんごらしいフレッシュさ。

シードルの健康効果

「1日1個のりんごで医者いらず」「りんごが赤くなると、医者が青くなる」ということわざがあるように、りんごは健康維持に効果がある果物です。りんご果汁を発酵させたシードルは、ナチュラルでヘルシー。おいしくて体にもよい、うれしいお酒です。

ビタミン、ミネラル豊富!
免疫力アップや
美容に効果が

↑シードルにはりんごのビタミン、ミネラルがバランス良く含まれています。体内のビタミンCを増やす作用があり、免疫力を上げ、美容効果も。カリウム、亜鉛、マグネシウム、リン、ナトリウムといったミネラルも含まれ、特にカリウムは、摂り過ぎた塩分を排出する効果があるなど、現代人には欠かせない成分です。

↓私たちの体に必要な、糖質、脂肪、たんぱく質の三大栄養素がスムーズに消化、吸収され、エネルギーに変わる手助けをするのが有機酸です。りんごに含まれる、リンゴ酸やクエン酸は、エネルギー代謝をスムーズにし、疲労を回復させる作用があります。

リンゴ酸、
クエン酸が
疲れを癒す

抗酸化力が高い、
りんごポリフェノールで
若々しく

↑りんご（特に皮に近い部分）にはポリフェノール成分が豊富に含まれています。ポリフェノールは、活性酸素を取り除き、美肌や血流改善、抗アレルギー、コレステロール低減など、若さを保つ効果がある抗酸化成分です。赤ワインのポリフェノールが知られていますが、シードルのりんごポリフェノールも強力です。

食物繊維のペクチンが
腸内環境を整える

↑りんごに含まれる水溶性の食物繊維は「ペクチン」と呼ばれ、腸の善玉菌を増やして働きを整え、血液中の余分なコレステロールを排出するなどの効果が期待できます。シードル製造過程で、ペクチンを取り除く製法もありますが、無ろ過の濁ったシードルにはペクチンが残っています。澱も無駄にせず、摂りたいですね。

プリン体
ほぼゼロ
だから嬉しい！

↑プリン体とは、主に旨みの成分で、食物全般に含まれています。通常は分解されて尿酸として体外に排出されますが、尿酸量が排出能力を超え、体内に蓄積されると痛風の原因となるといわれています。お酒では、ビールや発泡酒、日本酒などに含まれますが、シードルはゼロに近い含有量です。

↓ナチュラルなシードルは、りんごの皮についている野生の酵母による発酵食品。酵母菌の力が生きているので、体にやさしい飲み物です。発酵食品は、善玉菌を助け腸の健康を整えます。アルコール分も低いので、疲れた日の一杯にいかがでしょうか。

野生酵母で
造られる
シードルは
発酵食品

いま話題の
グルテンフリー！

↑グルテンは、小麦の種の中に蓄えられたたんぱく質の一種。大麦やライ麦にも含まれています。欧米では「グルテン過敏性腸症」というアレルギー体質の人が多く、グルテンフリーの食品が好まれます。日本でも健康志向の人を中心に、注目され始めています。シードルはもちろんグルテンフリー。体に優しいお酒です。

シードルを楽しむ Q&A

シードルともっと仲良くなるために
小さな疑問を解決します。

Q シードルの飲み頃はいつ？ 熟成期間は？

A シードルは基本的に新酒（できてから1年以内に飲む）を楽しみます。瓶内二次発酵など、製造方法によっては熟成を楽しむものもありますが、基本的には1、2年の間に飲むのが、シードルらしいフレッシュさが味わえます。熟成までいかなくても、3か月後と6か月後では味わいが異なりますので、その違いを楽しむのもよいでしょう。

※ 低温殺菌したり、フィルター処理で酵母を除去したシードルは、いつ飲んでも変わりありません。

Q シードルがおいしく味わえるグラスはあるの？

A 日常的に飲むなら、あまり気にしなくてよいと思います。アメリカのハードサイダーのようにゴクゴク飲むタイプは大きめのグラスがよいでしょうし、ワインのようにゆっくり香りを楽しむなら、ワイングラスやシャンパングラスでどうぞ。無難なのはワイングラスですが、あとは産地の飲み方なども参考にしてください。

Q シードルは冷やした方がおいしいの？ 何℃くらいがベスト？

A 国によっては冷やさずに飲むこともありますが、基本的には冷やしたほうがおいしいです。10℃以下が良いと思いますが、お好みでよいと思います。アメリカのハードサイダーや日本のシードルはよく冷やすのがおすすめです。スペイン産はマロラクティック発酵が入っているので、13～15度くらいでもいいかもしれません。ホット用のシードルもあります。

Q 未開封のシードルの保存方法は？ セラーは必要？

A ワイン同様、温度変化に影響されやすいので、できるだけ冷暗所、冷蔵庫で静かに保存してください。寝かせる、立てる、はコルクを湿った状態にするかどうかなので、長期保存でなければ立てた状態で問題ありません。ワインセラーがあれば、ワインと同様の保存がベストです。

Q

ボトルのシードルは飲みきらないとダメ？

A

スティル以外は、炭酸が抜けてしまうので、飲み切ればベストですが、シャンパン用の保存栓を使えば翌日でもおいしく飲めます。炭酸が抜けてしまったら、はちみつやスパイスを加えたホットシードルにするのもおすすめです。また、ワインのように蒸し煮や煮込み、風味づけ使うなど、料理に利用することもできます。

Q

びんの底の澱は飲んでも大丈夫？

A

無添加で無ろ過のシードルは、澱と呼ばれる沈殿物がびんの底にたまります。活動を終えた酵母やリンゴの繊維質が沈殿しているものですので、飲んでも大丈夫です。気になるかたは、ボトルをゆっくり傾けて、澱がグラスに入らないように静かに注いでください。おいしいシードルは澱もおいしいものです。肉料理の煮込みやソースに使ってもおいしいですよ。

Q

ワインのようにシードルのエチケットの読み方はある？

A

ワインほど、決められた表記や読み方はないのですが、フランスのAOCなど、特定の産地や製法に基づいた原産地呼称の表示があります。また、スペイン産では、炭酸ガスや糖の添加をせずに作られるものには、Sidra Natural（シードラ・ナトゥラル）という表記があります。シードルのエチケットは自由で楽しいものが多くあります。ジャケ買いを楽しむのもいいかもしれません。

日本で飲める
世界のシードル

スペイン

スペイン語では、Sidra ＝シードラ。産地は北部のアストゥリアス、バスク地方です。頭上の高いところからシードラを注ぎ、空気に触れさせてまろやかにさせる「エスカンシアール」が有名です。

SPAIN

上／樽から飛び出るシードラをグラスで受ける「チョッチ」。写真提供：トラパンコ　下／スペインのりんご品評会

素朴な寸胴のグラスを左手に低く構え、右手に持ったボトルを高く掲げてグラスへ2～4cmほど注ぐ。写真提供：リベルタス

スペイン北部はりんごの産地。シードラの歴史は、文献に登場するのは11～12世紀ですが、紀元前には作られていたという考察もあります。

シードラは大きく、Sidra natural（シードラ・ナトゥラル）＝炭酸ガスや糖の添加を行わないシードラと、Sidra gasificada（シードラ・ガシフィカーダ）＝炭酸ガス、糖の添加をしたシードラの2種類に分けられます。

シードラ・ナトゥラルは、辛口で酸味が強め。「エスカンシアール」という独特の注ぎ方で、空気に触れさせ、まるやかにします。タンブラーに一口二口で飲み干せる量を注ぎます。

アストゥリアス地方はシードラ文化の中心で、酒といえばシードラ。1人あたりの消費量は年50ℓ以上だとか。

バスク地方では、1月にシードラの新酒解禁を祝う「サガルド・エグーナ」というお祭りが各地で行われます（サガルトとはバスク語でりんご酒のこと）。Kupela＝クペラと呼ばれるシードラの大きな樽の栓が開けられ、「TXOTX！（チョッチ）」のかけ声と共に、飛び出すシードラをグラスで受け取ります。

杵（きね）でりんごを砕く作業をする人をマヤドールと呼び（写真上）、バスク地方に伝わるチャラパルタという楽器（写真右）は、りんご酒ができあがったことを、りんごの圧搾に使用した木板を叩くことで隣人に伝えたことが始まりと言われている。

アストゥリアス

Sidra Trabanco
シードラ・トラバンコ

⌂Sidra Trabanco ／シードラ・トラバンコ
http://www.sidratrabanco.com
✈輸入取扱：リベルタス
https://www.rakuten.co.jp/spainwine-libertas/

**シードラ
コセチャ プロピア**

使用りんご
アストゥリアス産りんご
ドライで心地よい酸味のなかに、さわやかな柑橘や花の香りを感じる。

スイート ●—●—●—●—● ドライ
アルコール分6%、700ml、味わい：フレッシュ

創業90年を超える老舗であり、スペインだけでなくグローバルなマーケットをもつ。

伝統のシードラ造りを現代に伝えるシドレリア

アストゥリアス地方の老舗であり、もっとも親しまれているシドレリアであるトラバンコ社は、1925年創業の家族経営の会社です。スペイン全土はもちろん、ヨーロッパ、アメリカ、オセアニアまで世界各地に輸出されています。現在は第三世代になり、醸造所2か所と約100haのりんご園を所有し、シードラ・ナトゥラル4種類、スパークリングのシードラ3種類、シードラ・ヴィネガー3種類を定番製品として製造販売しています。

自社畑のりんごは、破砕された後は、伝統的な木製のプレス機で圧搾されます。発酵も木製の樽で。アルコール発酵とスペイン伝統のマロラクティック発酵が行われ、最終段階で異なる樽のりんご酒とブレンドされます。どのりんご酒を、どのパーセンテージでブレンドするかは、醸造責任者の腕の見せどころです。でまた､熟練したサイダーテスターによるテイスティングを通過したものだけが、ボトリングされます。

伝統製法を守りながら造られるシードラ・ナトゥラルは、りんごの酸味とふくよかさが感じられる、まさにスペインの味。エスカンシアールで空気に触れると風味が引き立ちます。

→りんごはすべて自社畑の自然栽培のものを使用。搾ったジュースは木の樽で、ゆっくりと発酵させる。清澄剤などは使わず、りんごの風味の活きたシードラに。

← 搾汁は昔ながらの縦型のプレス機で。最新の技術と伝統の製法によるシードラ造り。

野外で飲む
シードラも最高

シードラ　アバロン

使用りんご
アストゥリアス産りんご
アルコール分5.5%、330ml、
味わい：カジュアル

青りんごのようなさわやかさと、ほんのりと甘さを感じる、バランスのよいセミドライ。

シードラ ブリュット
ラガル デ カミン

使用りんご
アストゥリアス産りんご
アルコール分4.5%、750ml、
味わい：エレガント

アルコール分低めで、ほんのり甘口。青りんごやバルサミコ酢のようなほどよい酸味。

アストゥリアス

MAYADOR
マヤドール

MAYADOR／マヤドール
http://mayador.com/en/
輸入取扱：キムラ
http://www.liquorlandjp.com

マヤドール・シードラ

使用りんご
レイネタ、ゴールデン、パーキング、ロイヤル・ガラ、グラニースミス

りんごのさわやかさが活きた、フルーティで飲みやすいシードラ。飲みきりタイプ。

マヤドールの工場。ここから世界に向けて、さまざまなシードラが造られている。

スイート ●—●—●—●—● ドライ
アルコール分4.1%、250ml、味わい：カジュアル

伝統とトレンドを兼ね備えた人気ブランド

マヤドールを生産しているのは、マニェル・ブスト・アマンディ。1939年創業、スペインの大手シドレリアのひとつであり、国内のみならず、世界各地に輸出が行われています。伝統的な手法と最新技術をバランスよく合わせ持った工場で生産されるシードラは、年間1000万リットル。創業当初は伝統的シードラ・ナトゥラルのみを生産していましたが、マヤドールのようなスパークリングタイプの生産を積極的に始め、一大ブランドに育てました。輸出用にりんごのブレンドを変えるなど、さまざまな工夫を行っています。

マヤドールは、自社農園ではなく、契約農家からりんごを購入しています。その栽培は、最新の技術や機械を取り入れたテクニカルなもの。徹底的な管理の下、シードルのための最高のりんご造りが行われています。伝統を守りながら、最新技術を駆使し、新しい味作りに挑戦し続けているブランドです。

りんご畑の風景。

バスク

**アスティアサラン
シードラ　セカ**

使用りんご
ケルメリアン他

スイート ●—●—●—🍎—● ドライ
アルコール分6.7%、750ml、味わい：フレッシュ

Astiazaran
アスティアサラン

✈ 輸入取扱：イムコ
http://www.ymco.co.jp

バスクの地酒の伝統を そのままに伝える味

バスク州北部、サン・セバスチャンのすぐ南になるスビエタという町で、100年以上続く小さなシドレリア。バスクでは、海のチャコリ（白ワイン）、山のシードラと言い、どちらも地酒として愛されています。アスティアサランは、無農薬のりんごを無添加で樽で発酵させた、シードラ·ナトゥラル。りんごのフレッシュな香りとキリッとした酸味が特徴、エスカンシアールして飲むタイプです。

ガリシア

**マエロック
ドライ シードル**

使用りんご
ラショ、プリンシペ、
ペロ、ラビオサ、ヴェルデナ

スイート ●—●—🍎—●—● ドライ
アルコール分4.5%、200ml、味わい：カジュアル

MAELOC
マエロック

⌂ MAELOC／マエロック
http://www.maelocway.com/es/home
✈ 輸入取扱：リベラジャパン
http://www.riverajapan.com/en/

さわやかで飲みやすい ガリシア産りんご100%

北西部のガリシア地方のメーカー。「マエロック」とは、古代ローマ時代のブリタニアから渡ってきた司教の名前で、ガリシアにシードルの文化を伝え広めた人物と言われています。ガリシア産りんごを100%使用し。ドライは、5種のシードル用りんごを絶妙にブレンド。ドライの他、スイート（オーガニック）、オーガニックドライ、パイン＆洋梨フレーバー、ストロベリーフレーバーなど7種があります。

大写真、1 フォール・マネルの畑とりんご。写真提供：ヴァンクゥール 2 3 ブルターニュ流おもてなし。写真提供：メゾン ブルトンヌ・ガレット屋

FRANCE

フランス

ワイン大国フランスですが、北部のノルマンディー地方、ブルターニュ地方は古くからりんごの産地で、伝統的なシードル文化があります。2014年に、シードルはフランス文化遺産に登録されています。

ノルマンディー地方のシードル街道（Route du Cidre）。のどかで美しいりんご畑が続く。写真提供：メゾンドノルマンディー

フランス北部のノルマンディー、ブルターニュ地方は、りんごの産地。紀元前から栽培が始まり、14世紀には300品種ものりんごが作られていたといいます。この地方では、ワインではなくシードルが日常的に飲まれています。

使われるりんごは、小粒なシードル専用品種で、甘いものだけでなく、酸味や苦味の強い品種をブレンドして味を作ります。どちらの地方も、地元産のシードルに「現産地呼称統制（AOC）」を設けており、細かな規定をクリアした、伝統的な手法で作られるシードルのみが認定されます。糖分やガスを補填することも認定外になります。

美食の国フランスは、シードルと料理のマリアージュも重要。ノルマンディーは、カマンベールチーズの産地でもあり、シードルと愛称は抜群。また、世界遺産であるモン・サン＝ミッシェルでは、シードルとスフレオムレツやムール貝を味わうのが定番です。そばの産地でもあるブルターニュでは、そば粉のガレットを合わせます。飲む器は、伝統的にはシードル専用の酒器、Bolée＝ボレという陶器のカップを使います。

1 シードルに合わせるのは、ブルターニュはそば粉のガレット。
2 ノルマンディーは、名産のカマンベールチーズを。

ブルターニュ

Cidrerie HUBY シードルリー・ユビー

⌂ Cidrerie HUBY
http://www.cidreriehuby.fr
✈ 輸入取扱：カルネ・グルモン
http://www.carnetgourmandjapan.com

広大なりんご畑を持ち、家族でシードルを作るユビー家。現在は息子夫婦（左）が跡を継いでいる。

ヴァレ・ド・メル

使用りんご
マリ・メナル、デュース・モエン、デュース・コエトリニエ、ギルヴィックなど

中辛口で柔らかな泡。すっきりしているが、りんごの風味を強く感じる。

スイート ●—●—●—●—● ドライ
アルコール分5%、330ml、味わい：エレガント

農家が造る素朴なフェルミエ シードル

シードルリー・ユビーは、ブルターニュのメル地区に、代々続く家族経営のシードル農家、フェルミエ（自社農園で収穫したりんごのみを用いてシードル醸造を行う生産者）です。シードル造りはりんご栽培から。ユビーでは、土壌造りから考えた栽培をしています。

搾汁は、昔ながらのプレス製法。破砕したりんごを木綿布にくるみ、板にはさんで、ミルフィーユ状に何層にも重ねてじっくりと絞っています。このような手搾りを行っている光景は、いまはなかなか見ることができません。「もちろん面倒だけれど、これがブルターニュの本当のシードルの作り方だから」とユビー氏。ステンレスタンクは使用せず、特殊な樹脂の樽で3～5か月かけて、じっくりと発酵させていきます。糖や炭酸ガスを加えることなく、りんごと野生酵母の力だけで、おいしいシードルになります。息子のエマニュエル氏が跡を継いだ現在も、作り方は変わりません。

りんごジュースも販売しているのですが、こちらは2016年フランス全国農業コンクールで金賞を受賞。同じ方法で搾汁され、発酵させるシードルがおいしくないわけがありません。

田舎の素朴なシードルの味

← 伝統的なプレス機で果汁をゆっくりと絞るのがおいしさの秘密。

忙しい時は、子どもたちもお手伝い。

ペルレ・ド・メル

使用りんご
ギルヴィック
アルコール分5.5%、750ml、
味わい：エレガント

フランスでもレアな、ギルヴィックのみ単一品種で作られるシードル。さわやかな甘み、酸味のバランスが絶妙。

↑シードルでガーデンパーティ。季節の果物、チーズ、パンをボードに並べると、手軽なメニューでもおしゃれ。

ブルターニュ

Val de Rance
ヴァル・ド・ランス

⌂ Val de Rance
http://www.valderance.com
✈ 輸入取扱：ル ブルターニュ
http://www.le-bretagne.com

**シードル・
ヴァル・ド・ランス
クリュ ブルトン**

使用りんご
ブルターニュ産りんご

ドライでさわやかなのどごし。すっきりとした中に独特の渋みなど、複雑味がある。

スイート ●—●—●—●—● ドライ
アルコール分5%、750ml、味わい：フレッシュ

醸造所オフィス。りんごを運んでくる地元の農家の方々の受付場所でもある。

ブルターニュのりんご農家が集まって造る伝統の味

ヴァル・ド・ランスのシードルを造っているのは、ブルターニュ・ブルディアン村の地元のりんご農家12軒が集まって作ったシードル生産者協同組合、レ・セリエ・アソシエ社。1953年に設立され、現在は300名近い生産者が、地元固有のシードル用りんごの栽培に従事し、毎年1万トン以上のりんごを生産しています。ブルディアン村近隣は、気候もよく、糖度の高い果物の生産地です。りんごは、ジャンヌ・レナード、シュバリエ・ジョーヌ、マリー・メナールなど、なんと40種類以上のシードル用品種を栽培し、ブレンドすることでヴァル・ド・ランス独自の味が造られます。

工場化してしまったシードル造りとは一線を画し、糖や炭酸ガス、添加物は一切加えず、自然な発酵を待つ、ブルターニュ伝統の製法が現代も脈々と伝えられています。穏やかな発泡感とりんごの味わいが活きた、さわやかで自然な甘さ。アペリティフにも食中にも楽しめる味わいです。

辛口、中辛口、甘口があり、それぞれ個性を感じます。ギルヴィックという青りんご100%で造ったスパークリングタイプのシードルも好評です。

↑ フランスのシードル用りんごは、小ぶりで日本のりんごとはだいぶ異なる。渋みや苦味の強いりんごをブレンドして醸造することで、複雑味が生まれる。写真提供：ル ブルターニュ

← シードル・ヴァル・ド・ランス クリュ ブルトン ドゥ

使用りんご
ブルターニュ産りんご
アルコール分2%、750ml、味わい：フレッシュ

アルコール分が低い甘口。りんごの自然な甘さが心地よく、食前酒などにぴったり。

→ シードル・ヴァル・ド・ランス オーガニック

使用りんご
ブルターニュ産りんご
アルコール分4%、750m、味わい：フレッシュ

りんごの風味が活きた、中辛口で飲みやすいタイプ。食前酒にも食中酒としても合わせやすい。

→ シードル ギルヴィック

使用りんご
ギルヴィック
アルコール分2.5%、750ml、味わい：フレッシュ

青りんごのギルヴィックを100%使った、ほどよい甘み、酸味と香りがさわやかなシードル。

ブルターニュ

Cidre de la Baie
シードル・ド・ラ・ベ

⌂ Cidre de la Baie
http://www.cidrerie-delabaie.com
✈ 輸入取扱：メゾン・ブルトンヌ ガレット屋
http://maisonbretonne-galette.com

シードル ド ラ ベ

使用りんご
ブルターニュ産りんご

甘み、酸味、渋みなど、さまざまな味がする、フレッシュでコクのあるシードル。

家族経営で、昔ながらのりんご栽培とシードル製法を守っている。

スイート ●—●—●—🍎—● ドライ
アルコール分5%、750ml、味わい：リッチ

ガレットによく合う、ブルターニュ伝統の味

ブルターニュ地方の海辺にある小さな村、プラングヌエルにある、家族経営の醸造所のこのシードルは完全有機で作られています。りんごを育てる土にこだわる、肥料は、豚と馬の堆肥を使い、除草はロバにさせるという、昔ながら栽培方法が守られています。もちろん、余計なものは一切加えない、完全自然発酵、発泡で、ボトリングの際にも炭酸ガスは加えていません。

すべての工程に使う用具は、化学薬品などを使わず手洗いしています。手間を惜しまない製法なので、年間生産量4万リットルと少なく、市場にはあまり出回っていません。日本では、「メゾン・ブルトンヌ・ガレット屋」の店舗のみで飲むことができる希少なシードルです（店頭販売はあり）。

オリジナルの陶器のうつわBolée＝ボレ

本場の味わいのガレット。笹塚の店舗でシードルとともにどうぞ。

ブルターニュ

Le Cellier de Boäl
ル・セリエ・ド・ボール

✈ 輸入取扱：ディオニー
http://www.diony.com

シードル フェルミエ ドゥミセック

使用りんご
ドゥース、アメール、アシデュレなど15種

複雑味があり、シナモンやはちみつのような風味も。優しい甘み。

ブルターニュの小さな森に囲まれたのどかな農村にある醸造所。

アルコール分4%、750ml（330mlもあり）、味わい：リッチ

完全有機栽培りんごの自然派のシードル

ブルターニュ地方の玄関口、レンヌ近くにあるコルンヌ村。ル・セリエ・ド・ボールの生産者ミシェル・ブゴーが無農薬でりんご栽培を始めたのは、1986年。親から受け継いだ畑に農地を買い足し、化学薬品や化学肥料に頼らない有機栽培を続けました。2001年から念願のシードル醸造を開始し、現在は、シードル向けの15品種のりんごを栽培しています。自家栽培、自家醸造をするシードル・フェルミエの中でも、完全有機栽培の希少な存在です。

使うりんごは、完熟のみ。自然に落下するのを待ちます。芯や種の部分を取り除き、品種別に優しくプレスし、果肉が含まれた状態の果汁を発酵タンクで約4か月ゆっくり時間をかけて発酵させます。発酵途中に澱引きをして、果汁のみ別のタンクに移し替えます。酸化防止剤は無添加。ナチュラルで味わい深いシードルです。

栽培から醸造まで、一貫して「ナチュラル」にこだわるミシェル・ブゴー氏。

ノルマンディー

APREVAL アプルヴァル

アプルヴァル／APREVAL
http://www.apreval.com
輸入取扱：田地商店
販売元：信濃屋食品
http://www.shinanoya-tokyo.jp

シードル・キュヴェ・サン・ジョルジュ

使用りんご
ノルマンディー産

ペイ・ドージュ地区内の畑から収穫されるりんごを使用した中辛口タイプ。

スイート ●—●—●—●—● ドライ
アルコール分4%、750ml、味わい：エレガント

広い敷地内にあるドメーヌの外観。見学やテイスティングも可能。

AOCペイ・ドージュ規格の極上シードル

ノルマンディー地方の港町オンフルールで、カルヴァドスとシードルを造る家族経営の生産者。1889年創業、カルヴァドスの名産地AOCペイ・ドージュ地区と、コート・ド・グレース地区（AOCカルヴァドス地区）にまたがるように位置し、1960年に自家農園のりんごでカルヴァドスの生産を本格化。1997年よりシードルの生産を開始しました。

現オーナーは、1998年に就任した、創業者の孫にあたるアガテ・レタリー女史。彼女はシードルとカルヴァドスの生産に特化すべく、農園のすべてをりんご栽培（一部洋なし）に切り替え、有機栽培を徹底しました。現在では畑のすべてがフランス政府からの有機認証（エコセール）を取得しています。

現在、農園では17種類のりんごを栽培。100％自社農園のりんごを巧みにブレンドしてシードルを造ります。

代表的な1本はペイ・ドージュ地区内の畑のりんごを使用した中辛口タイプ。厳しい規定があるAOCペイ・ドージュ規格のシードルは特別な存在です。また、もう1本は、コート・ド・グレース地区のりんごで作られる辛口タイプ。テロワール（土地）の違いを楽しめます。

りんごはすべて
有機栽培で

有機栽培の健康なりんごを、収穫から醸造、ボトリングまで、伝統の製法を守りながら、すべて自社で行っている。

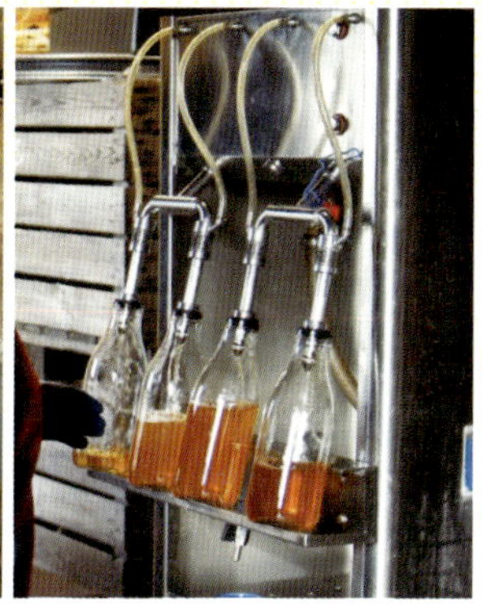

↓ ノルマンディー名産のカマンベールチーズやアップルパイに合わせて。

↑ 現オーナー、アガテ・レタリー女史。

シードル　ブリュット
コート ド グレース

使用りんご
ノルマンディー産
アルコール分5%、750ml
コート・ド・グレース地区（AOCカルヴァドス）のりんごで作られる辛口タイプ。ジューシーで味わい深い。

ポモー ド
ノルマンディ

アルコール分17.4%、350ml
りんごジュース2/3、若いカルバドス1/3をブレンド、オーク樽で18～24ヶ月熟成させたリキュール。

CALVADOS

カルヴァドス

■1 カルヴァドスは、熟成度による色や香りの違いを楽しむ。 ■2 アプルヴァルの蒸留機。 ■3 熟成させる期間、樽の新旧、大きさ、その使い分けによって個性が生まれる。写真提供：アプルヴァル

アプウヴァルのカルヴァドス。
グランドリザーブ（10～12年）

シードルを蒸留して造る美酒

カルヴァドス

Calvados= カルヴァドスとは、フランスのノルマンディー地方で作られる、シードルを蒸留して造る蒸留酒です。ぶどうのワインを蒸留したものがブランデー、シードルを蒸留したものがアップルブランデーとなります。アップルブランデーの中でもカルヴァドスは、フランスの AOC（原産地呼称制度）の認証を受けた特別なものとして区別されます。りんごの収穫から蒸留、熟成、ブレンドまで、ノルマンディー地方の決められた3つの地区で行うことが義務付けされ、その3つの地区の中でも、特に優良産地として知られているのが「ペイ・ドージュ」地区です。世界に誇る有名ブランドのほとんどはこの地区で生まれます。ペイ・ドージュを名乗るための条件はさらに厳しく、同地区で製造されることの他、蒸留時の洋梨の混合割合は 30% 以下にすること、単式蒸留器で2回蒸留すること、最低2年間オーク樽で熟成させることなど、より細かな規定が設けられています。

その中で、原料のフレッシュな香味を楽しむべく若い熟成品から、複雑な香味を伴う 30 年から 40 年に及ぶ長期熟成品、ワインのように単一年度の個性を楽しむシングルヴィンテージ品など、さまざまなタイプの商品が生産されています。若い熟成品はカクテルのベースとして、中間のスタンダードレンジはハイボールやロック等、長期熟成品はストレートでそのまま楽しむなどシーンに合わせて、多彩なバリエーションを楽しむことができます。

協力／菊池誠（田地商店）

 資料提供：アプルヴァル

ノルマンディー

Domaine Dupont
ドメーヌ デュポン

⌂ Domaine Dupont ／ドメーヌ　デュポン
https://www.calvados-dupont.com
✈ 輸入取扱：THE COUNTER
http://www.thecounter.jp

シードル・ブシェ
Dupont CIDRE BOUCHE 2014

使用りんご
3種類のりんご（80%は甘味と苦味に特徴ある品種、20%は酸味主体の品種）
熟成を楽しめるタイプ。ふくよかな味。

スイート ●―●―●―◉―● ドライ
アルコール分5%、750ml、味わい：リッチ

名門の名にふさわしい品格のあるドメーヌ。現在は3代目のジェローム（右）が跡を継いでいる。

ていねいに造られるシードル、カルヴァドスの名門

カルヴァドス地方ヴィクト・ポンフォルに本拠地を構える家族経営のドメーヌ。フランスを代表するシードル、カルヴァドスメーカーのひとつです。現オーナーのエティエンヌ・デュポン氏の祖父が、カルヴァドスを自家生産して、樽で販売していたことから始まりました。そして1980年にエティエンヌが父から代を受け継ぎ、「デュポン」ブランドを正式に立ち上げます。現在は、第3世代となるエティエンヌの息子、ジェロームも戦力に加わりました。

デュポンは、30haの自社畑に13種類、約6000本のりんごを化学肥料は使用せず栽培しています。収穫は、品種ごとに完熟したりんごが落ちるタイミングを待ち、手作業で選果されます。発酵には天然酵母のみを使用してゆっくりと時間をかけ、数回の澱引きを経た後、瓶内二次発酵により仕上げられます。複雑味があり、しっかりとしたボディで余韻も長く、ワインに引けを取らない味わい深さ。食中酒として楽しみたいシードルです。

美しい風景の中にあるドメーヌ。

ノルマンディー

Cyril Zangs
シリル・ザンク

Cyril Zangs
http://cidre2table.com/en/
輸入取扱：W（ダブリュー）
http://winc.asia

シードルのスペシャリスト、シリル・ザンク。フランスのワインイベントにて。写真提供：W

シードル ブリュット 2015

使用りんご
自社農園りんご

複雑味のある辛口。冷やしても、少し温度を上げても味わいが楽しめる。和の食卓にも合う。

スイート ●—●—●—●—● ドライ
アルコール分6%、750ml、味わい：リッチ＆ワイルド

スペシャリストが造る個性あふれるおいしさ

ヴァン・ナチュール（自然派ワイン）好きからも高い評価を受けている、シードルのスペシャリストです。カルヴァドス地方リジュー近くにある農園では、味わいのバランスを考えて植えられた69種ものシードル用りんごが栽培されています。収穫してから6週間ほど追熟の後、その年のブレンドを考え摘果します。破砕し、伝統的な木製プレスで搾汁したジュースは、ステンレスのタンクに移して、天然酵母による発酵を行います。数回の澱引きを行いながら、5～6か月後、濾過せず瓶詰めされ、水平に寝かせて瓶内二次発酵へ。ルミュアージュ（瓶を少しずつ回して、澱を瓶の口元に集める）、デゴルジュマン（抜栓し澱を飛ばす）の作業の手間も惜しまずに、こだわりのシードルを造っています。琥珀色に近いシードルは、ドライで複雑味があり、豊かなおいしさ。抜栓してから飲み進めるうちに味わいの変化も楽しめます。

サイダーマン 2014

使用りんご
自社農園りんご
アルコール分5%、330ml、
味わい：リッチ

ユニークなラベルも人気。ドライで果実味があり、旨みたっぷり。スパイシーなニュアンスも。

ノルマンディー

Domaine du Fort Manel
フォール・マネル

輸入取扱：ヴァンクゥール
http://vinscoeur.co.jp

アルジル

使用りんご
サンマルタン
2014年は天候の影響で単品種の仕込み。フルーティで優しい甘み。

フォール・マネルの畑ののどかな風景。牛と共存する有機的なりんご畑

アルコール分：3.5%、750ml、味わい：リッチ

自然のサイクルを大切にしたナチュール

カルヴァドス地方のサン・ジョルジュ・アン・オージュ村で、1765年からシードルとカルヴァドスを作っている伝統ある生産者。現当主のジュリアン・フレモンは5代目です。80haあった畑を45haに減らし、平均樹齢80～200年という土着のりんごを、品種ごとの土壌で有機栽培しています。畑は牛と共存で、有機肥料による微生物が豊かなテロワールを育んでくれます。収穫したりんごは屋根裏で約1か月陰干しをして、水分が抜けることでエキスが凝縮した状態で仕込まれます。搾汁に使われるプレス機は、創業時のものが今でも現役で活躍しているそうです。昔ながらの大きな樽で自然発酵させ、その後澱引きを繰り返し、ブレンドして、6か月瓶内二次発酵させます。自然のサイクルに従い、時間をかけて造られるシードルは、うまみたっぷり。まさにシードル・ナチュールの代表です。

パー ナチュール

使用りんご
サンマルタン、ムーランナヴァン、ゴワンダンスなど
アルコール分5.5%、750ml、
味わい：フレッシュ
澱でにごりはあるが、雑味がなくピュア、ミネラル感のある味わい。

ノルマンディー

LUSCIOUS
ラシャス

✈ 輸入取扱：アレグレス
http://allegresse-take.shop-pro.jp

ラシャス シードルドライ

りんごの果実味とタンニンを感じる渋みが、キレのよい辛口。アペリティフに、食中酒にもおすすめ。

スイート ●—●—🍎—●—● ドライ
アルコール分4.5%、330ml、味わい：フレッシュ

真っ赤な美しい実をつける自社のりんご畑。
これが果実味たっぷりのシードルになる。

カジュアルに楽しめる、フランスの人気メーカー

ノルマンディー地方、シードルの世界では評価の高いペイ・ドージュ村で作られるシードル。主に自社農園のりんごとノルマンディー産のりんごをていねいに搾汁したジュースを原料に、伝統的な製法でシードルを造る、フランスでも人気のメーカーです。りんごの持ち味を生かすべく、独自にブレンドを行い、糖や香料は添加せず、なるべく自然にゆっくりとステンレスタンク内で発酵させます。

味わいの種類も多く、手頃な飲みきりサイズがあるので、シーンに合わせて気軽に楽しむことができます。

← シードル ナチュラル

アルコール分3%、750ml、
味わい：フレッシュ

フレッシュな香り、赤いりんごの果実感が凝縮された味わい。甘みと酸の絶妙なバランス。

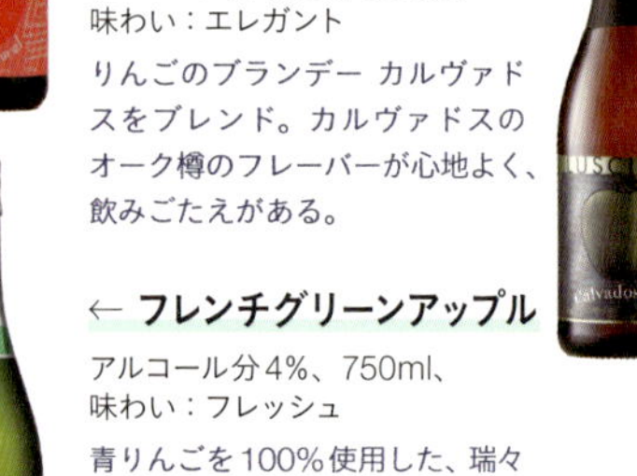

→ カルヴァドス シードル

アルコール分7.5%、750ml、
味わい：エレガント

りんごのブランデー カルヴァドスをブレンド。カルヴァドスのオーク樽のフレーバーが心地よく、飲みごたえがある。

← フレンチグリーンアップル

アルコール分4%、750ml、
味わい：フレッシュ

青りんごを100%使用した、瑞々しい酸がさわやかな、果実感あふれる味わい。

ノルマンディー

Domaine des Cinq Autels
ドメーヌ・デ・サンク・オテル

Domaine des Cinq Autels
http://www.cinqautels.com
輸入取扱：LE VIN NATURE
http://le-vin-nature.net

シードルを蒸留して造るカルヴァドスを熟成させる樽。

シードル ブリュット

使用りんご
ブダン、ドゥース、モエン、ピネ・ルージュなど

瓶内二次発酵させた柔らかでコクのある風味。甘み、渋み、酸味のバランスがよい。

スイート ●—●—●—●—● ドライ
アルコール分5%、750ml、味わい：エレガント

恵まれた土地で育まれるりんごの味をそのままに

ノルマンディー地方の、果樹栽培に最適な粘土石灰質土壌で日照時間の長い土地で、りんご栽培を行い、ナチュラルでバランスの良いシードルやカルヴァドスを生産しています。果樹園は1965年から完全有機農法を行なっており、1984年にドメーヌが設立されました。畑には、ブダン、ドゥース、モエン、ピネ・ルージュ、ドゥース・コエ・リニェなど、古来からある15種類のりんごが栽培されています。

りんごは品種別にていねいにプレスし、密閉タンクに移して自然酵母でゆっくりと発酵させます。数種をブレンドし、瓶内二次発酵で仕上げられます。きめ細かな泡と自然な甘み、渋みが心地良い、さわやかな味わいです。食前酒に、またチーズやサラダなどによく合います。

夫婦で経営するドメーヌには、宿泊施設も。

ノルマンディー

シードル
エクストラドライ

使用りんご
クロスルノー、
デュースコエットなど19品種

スイート ●—●—●—●—● ドライ
アルコール分5.5%、750ml、味わい：エレガント

Vergers de Romilly
ロミリー果樹園

Vergers de Romilly
https://www.les-vergers-de-romilly.com
輸入取扱：メゾンドノルマンディー
https://www.rakuten.co.jp/maisondenormandie/

自家製りんご19種類を使い、自然な製法で醸造

1944年創業、ノルマンディー地方のサンジェルマンデプレ地区のフェルミエ シードルです。りんごはスイート3種、ビタースイート5種、ビターシャープ4種、シャープ7種の19種類をブレンドします。スイートなクロスルノーは、ノルマンディー地方のみの珍しい品種です。天然の素材にこだわり無添加で醸造されるシードルは、優しい甘み、渋みがあり、コクがあるのにすっきりしています。

ノルマンディー

シードル ロゼ
ラ・プレマーレ

使用りんご
チェアルージュ、
ペンドラゴンなど

スイート ●—●—●—●—● ドライ
アルコール分3%、750ml、味わい：フレッシュ

La Maison du Pere Tranquille
メゾン・デュ・ペール・トーキール

La Maison du pere Tranquille
http://www.peretranquille.com
輸入取扱：メゾンドノルマンディー
https://www.rakuten.co.jp/maisondenormandie/

赤い果肉のりんごのみで造られた風味豊かなロゼ

契約農家からりんごや果汁を購入して、自社工場でシードルの製造を行うアルチザン方式。他の生産者とは異なる、個性的なシードルやポワレを造っています。このロゼは、赤い果肉のりんごのみを厳選して造られています。生食には向かない酸味の強いりんごですが、発酵させると優しい酸味と甘みのシードルになります。赤い果肉のみで絶妙な甘さのシードルを作るために、何年も研究を重ねた自信作です。

ノルマンディー

**ラ・シュエット
シードル**

使用りんご
ノルマンディー産りんご

スイート ドライ
アルコール分4.5%、330ml、味わい：フレッシュ

La Chouette
ラ・シュエット

La Chouette
http://www.lachouettecider.com
輸入取扱：ビア・キャッツ
http://beercats.jp

キュートな見た目ながら しっかり伝統的なシードル

シュエットとは、フランス語でフクロウのことですが、「すてきな」という意味も含まれています。かわいらしいエチケットですが、中身は本格派シードル。モン・サン＝ミシェル周辺の畑で栽培されたノルマンディー産100%のシードル用りんごを数種ブレンド、加糖は一切せず、フレッシュな風味を大切にしています。フルーティな中に、キャラメルっぽい風味やスパイシーな余韻も感じられます。

ブルターニュ

**ボレ・ダルモリック・
ブリュット**

使用りんご
ドゥースモエヌ、
ケルメリアン他

スイート ドライ
アルコール分5%、750ml、味わい：エレガント

Bolee d'Armorique Doux
ボレ・ダルモリック

シー・エス・アール社
http://www.loicraison.fr
輸入取扱：ユニオンリカーズ
http://www.union-liquors.com

ブルターニュで愛され続ける 老舗のシードルメーカー

シー・エス・アール社は1923年創業のブルターニュで最も知名度が高いシードルメーカーのひとつです。いち早くシードルを市場に広め、長年に渡って地元で愛され続けています。厳選されたりんごを数種ブレンドし、香りが高く、フルーティな味わいと、すっきりとした後味が魅力のシードルを造っています。アペリティフにぴったり。カジュアルにもフォーマルにも幅広く楽しめます。

ロワール

**ヴェルジェ デ ラ
カフィニエール
ドゥミセック オール**

使用りんご
20種類をブレンド

スイート ・・・●・・ ドライ
アルコール分4%、750ml、味わい：エレガント

Vergers de la Caffinière
ベルジェ・デ・ラ・カフィニエール

輸入取扱：エア・コーポレーション
http://biocidre.jp/

バイオダイナミック栽培のりんごの自然なおいしさを

フランス西部、ロワール川流域のナント市郊外にある、40年前から有機バイオダイナミック農法※を取り入れているりんご農園です。健康なりんごの果汁を、加水、加糖もせず、酸化防止剤も加えず自然発酵させ、ろ過後、ボトル詰めします。ナチュラルな製法で造られるシードルは、ワイルドでふくよか。甘酸っぱい香りと、りんご本来の風味のある味わいです。複雑味のある味わいです。

※ルドルフ・シュタイナーが提唱した循環型自然農法

ロワレ

**シードル・
ブリュット・キュヴェ・
シャンペートル**

使用りんご
セバン、ロカール、ソレット

スイート ・・・・●・ ドライ
アルコール分■%、750ml、味わい：エレガント

Domaine Julien Thurel
ドメーヌ・ジュリアン・チュレル

輸入取扱：ラフィネ
http://www.raffinewine.com

森の果樹園の古木のりんごから極上の味を

パリの南、ロワレ県にあるオルレアンの森で、シードルとポワレ（洋梨の発泡酒）を生産するジュリアン氏は、元鳥類学者。荒れた森を憂い、一部を果樹園ごと買い取りました。樹齢100～推定400年の樹の手入れをし、2013年より醸造を開始。2015年収穫分より、オーガニック認定マーク（ABマーク）を獲得。収穫したりんごは、カーヴで追熟し、品種ごとに樽発酵、樽熟成されます。香り高く、余韻のある味わいです。

バスク（シュドウエスト）

Domaine Bordatto ドメーヌ・ボルダット

Domaine Bordatto／ドメーヌ・ボルダット
http://domainebordatto.com
輸入取扱：ディオニー
http://www.diony.com

シードル・バサンドル

使用りんご
19種類のバスク産りんご

ソフトな口当たりでフルーティな中辛口。甘みと酸味のバランスがよい。

スイート ドライ
アルコール分6%、750ml、味わい：エレガント

バスク地方の渓谷の村にあるドメーヌ・ボルダットは、注目の若手生産者。

完全有機栽培のりんごで造られるバスク・シードル

フランスとスペインにまたがるバスク地方の、スペイン国境に近い標高300mの渓谷の村、Jaxu（ジャグ）にドメーヌを持つビチェンツォ・アフォール氏。。若手のヴィニュロン、シドレリアとしてフランスでも注目されています。サンテミリオンの醸造学校を卒業後、2001年に古いりんご畑を購入して、ドメーヌを設立しました。翌年はぶどう畑も手に入れ、農薬や化学肥料を使わず有機栽培を行いながら、シードルとワインの醸造を行っています。りんごは完熟して自然に落下したものを集めて使います。

シードルは、「バサンドル＝小悪魔」という中辛口と、「バザジュン＝山の番人」という辛口（アルコール分6%）が現在日本で手に入ります。どちらも自家栽培の19種類のりんごを絞って、ステンレスタンクで発酵させた後、瓶内二次発酵させ、粗いフィルターでろ過します。きめの細かい泡立ち、りんごの味わいがしっかりと活きた、ミネラル感たっぷりのシードルです。

ビチェンツォ・アフォール氏。

ブルターニュ

**シードル
アルティザナル
ビオロジック**

使用りんご
マリー・メナール、
ケルメリアン、
ドゥース・モエンなど

スイート ●—●—🍎—●—● ドライ
アルコール分4%、750ml、味わい：フレッシュ

Cidre Le Brun
シードル・ル・ブラン

Cidre Le Brun
http://www.cidrelebrun.com
輸入取扱：サンリバティー
https://www.facebook.com/sunlibertywine/

フランスで何回も賞に輝く ブルターニュのシドレリア

ブルターニュ地方カンペールにある、1955年創業の家族経営のシドレリア。120haの自家農園で育まれたりんごは、収穫して3週間寝かせた後、破砕した果肉と果汁をタンク内で一定期間寝かせてから搾汁します。自然に発酵させ、軽いろ過をして瓶詰めされます。ドミニク・ル・ブランのシードルは、パリ農業コンクールの「シードル フェルミエ部門」で何度も賞を獲得しています。

ノルマンディー

**コケレル
ブリュット**

使用りんご
ノルマンディー産

スイート ●—●—🍎—●—● ドライ
アルコール分4.5%、750ml、味わい：フレッシュ

Domaine du Coquerel
ドメーヌ・デュ・コケレル

Domaine du Coquerel
http://www.calvados-coquerel.com
輸入取扱：リラックス
http://www.re-lax.jp

フランスで高く評価される シードルとカルヴァドス

ノルマンディー地方の世界遺産、モン・サン＝ミシェルにほど近いミリーで、1937年に創業した醸造所。カルヴァドス生産者大手5社のうちのひとつで、賞を何度か獲得しています。地元ミリー産の厳選されたりんごを原料に、伝統的な方法で醸造された辛口タイプの本格シードルです。フルーティでおだやかな酸味、さわやかな渋みと苦味も感じられる、ふくよかな味わいです。

ノルマンディー

シードル・ブリュット

使用りんご
ノルマンディー産

スイート ●—●—🍎—●—● ドライ

アルコール分4.5%、750ml、味わい：エレガント

Christian Drouin
クリスチャン・ドルーアン

Calvados Christian Drouin
http://www.calvados-drouin.com

輸入取扱：明治屋
http://www.meidi-ya.co.jp

フルーティでまろやかな ノルマンディー産シードル

ノルマンディー地方、ペイ・ドージュ地区の中でも北部の最優良地、フィエフ サンタンヌ地区に自社りんご園を保有しているメーカーです。各地での品評会で数々のメダルを獲得したカルヴァドス造りの名手が、シードル造りを出がけています。自社畑で栽培した無農薬りんごを使用し、りんごのフレッシュさを感じる、エレガントな味わいのシードルです。

ブルターニュ

シードル ブリュット

使用りんご
ブルターニュ産

スイート ●—●—🍎—●—● ドライ

アルコール分5%、750ml、味わい：フレッシュ

La Bouche En Coeur
ラ・ブーシュ・オン・クール

Val de Rance
http://www.valderance.com

取扱：カルディコーヒーファーム
https://www.kaldi.co.jp

ブルターニュの伝統が活きた フルーティな味わい

ラ・ブーシュ・オン・クールは、ブルターニュのヴァル・ド・ランス（P42）がカルディコーヒーファームのために手がけたシードル。りんごの味わいをそのまま活かした、フレッシュでフルーティな味わいで、カジュアルに飲める１本です。辛口と甘口があり、甘口はスイーツなどと合わせても。りんごのイラストが入ったエチケットもかわいらしく、食卓が楽しくなります。

UNITED KINGDOM

イギリス

シードルはイギリスではサイダー。イギリスはフランスをしのぐ、世界一のシードル消費国です。歴史ある醸造メーカーや、農家のファームサイダーなど、個性豊かなサイダーが造られています。

1
2 3

BIG APPLE
BLOSSOMTIME
PUTLEY
MAY 3rd 4th
www.bigapple.org.uk

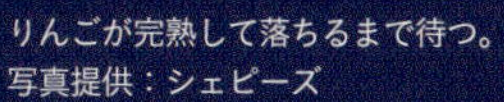

りんごが完熟して落ちるまで待つ。
写真提供：シェピーズ

左ページ　大写真　ヘレフォードのりんご農園。 1 ケルトの伝統を受け継ぐりんごの豊作を祈る儀式Wassail＝ワッセイル。 2 パブでは生のサイダーが飲める。 3 りんごの花の時期のお祭りの看板。写真提供：大写真、1 3 ワンス・アポン・ナ・タイム 2 アスポール

ヘレフォードのサイダーミュージアム。写真提供：ワンス・アポン・ナ・タイム

イギリスの気候は、ぶどうの栽培に適さず、古くからりんごが栽培されていて、りんご酒が飲まれていました。1700年代、りんごの木が改良され、多くの品種が栽培されました。現在イギリスでは600を超える種類のりんごが栽培されているといわれています。

シードルは英語ではCider＝サイダーとなります。実は、イギリスは世界で一番シードル（サイダー）を生産、消費している、「サイダー大国」です。ストロングボウなど大手ブランドのサイダーが席巻した時代もありますが、今また農家が造るファームサイダーの人気が高まっています。産地は南西部ウェスト・カントリーと呼ばれる、デヴォン州、コーンウォール州、ドーセット州、サマーセット州、ヘレフォードシャー州などで、サイダー用品種のりんご畑が広がるエリアです。イギリスのサイダーの味わいはドライなものが多く、酸味や苦味がしっかりと感じられます。イギリス伝統のパブでは、ドラフト（瓶や缶に詰めていない生）を、ビール同様に、パイントグラス（568ml）かハーフパイントグラス（284ml）に注いでたっぷりと飲みます。

イギリスのサイダーのおつまみといえばクリスプ。写真提供：田中球絵

ヘレフォードシャー

Once Upon A Tree
ワンス・アポン・ナ・ツリー

⌂ ワンス・アポン・ナ・ツリー／Once upon a tree
http://www.onceuponatree.co.uk
✈ 輸入取扱：ワイン・スタイルズ
https://winestyles.jp

マークルリッジ スティルサイダー

使用りんご
ダビネット、エリス・ビター、ブラウンズアップル、サマセット・レッドストリーク

ドライだが果実味があり、しっかりとしたボディのスティルタイプ。

スイート ●—●—●—●—● ドライ
アルコール分6.5%、750ml、味わい：リッチ

美しいイギリスの田舎の風情がある果樹園と工房。

醸造家と果樹園オーナーの幸運な出会いが生むサイダー

イングランド南西部、一大りんご産地であるヘレフォードシャー州にあるサイダーメーカーです。始まりは、ワイン醸造家のサイモン・デイ氏と、りんごと洋梨の老舗果樹園、四代目オーナーのノーマン・ステイナー氏との出会いからでした。90年の歴史をもつノーマン氏の果樹園「ドラゴン・オーチャード」は、伝統的な栽培方法でりんごと洋梨を栽培しています。サイモン氏は、イングランド有数のワイナリーで育ち、サセックス大学で化学を専攻しました。世界各地でワイン醸造経験を積んだ後、イングランドに戻り、いくつかのワイナリーで醸造家とコンサルタントを兼務しながら、イギリスワイン業界での新しい試みを模索していたところでした。

この2人が共同会社「ワンス・アポン・ナ・ツリー」を立ち上げ、サイモン氏のワイン醸造技術を元に、シャンパーニュ方式でサイダーと洋梨のペリーを造り、2008年にヴィンテージをリリースしました。ファーストヴィ

伝統的な栽培方法で育てられるりんご。

↓ サンプルを試飲する醸造担当のサイモン・デイ氏。

自慢のりんごを大切に収穫

↑ 四代続く果樹園「ドラゴン・オーチャード」。手作業でりんごを収穫するノーマン・ステイナー氏。

↓ 昔ながらの縦型プレス機でゆっくりとジュースを搾る。

ンテージにもかかわらず、地元ヘレフォードシャー州の品評会でいきなり賞を3つ獲り、注目の存在に。2012年にはBBCの食と農業大賞の最優秀生産者に選出され、ヘレフォードシャー州のアワードでも4つのゴールドメダルを受賞するという、クラフトサイダーの代表的生産者です。

造られるサイダーは種類が多く、それぞれに個性的で飲み応えがあります。瓶内二次発酵を行う発泡タイプはもちろん、泡のないスティルタイプも他にはない味わい深さで、ぜひ試してほしい1本です。

← キングストン レッドストリーク

使用りんご
キングストン・ブラック、
サマセット・レッドストリーク
アルコール分6.5%、750ml、
味わい:リッチ

華やかな香り、濃厚な果実味の中辛口スティルサイダー。

→ プットリー ゴールド

使用りんご
ダビネット、エリス・ビター、
ブラウンズ・アップル、
サマセット・レッドストリーク
アルコール分6.5%、750ml、
味わい:リッチ

定番の中辛口スティルサイダー。キャラメルのような香りも。

ヘレフォードシャー

HENNEY'S ヘニーズ

HENNEY'S ／ヘニーズ
http://www.henneys.co.uk

輸入取扱：ワイン・スタイルズ
https://winestyles.jp

イングランズ プライド

使用りんご
タビネット、アシュトン・ビター、ヤーリントンミル他

中辛口、軽い発泡、カジュアルに飲める定番サイダー。

オーナーのマイク・ヘニー氏。ジェイミーのローストポークのレシピを再現中。

スイート ●—●—●—●—● ドライ
アルコール分6%、500ml、味わい：エレガント

趣味で始めたサイダー造りが、人気ブランドに

ヘレフォードシャー州で1996年からスタートしたサイダリーです。オーナーのマイク・ヘニー氏が、趣味で自家消費用のサイダーを地元の果樹園と一緒に造ったのが最初でした。口コミで人気が広まり、今では国際的なサイダー品評会で総合優勝を果たし、あの人気料理家のジェイミー・オリバー氏もヘニーズを使った料理を披露するなど、人気サイダーブランドになりました。

ヘニー氏のコンセプトは、「シンプルに、ていねいに。それがいいサイダーを造りだす早道」。これは創業当時も今も変わりません。

完成。ハーブ＆スパイス、サイダーで風味付けした豚肉と野菜をオーブンでじっくり焼く。

← ヴィンテージ スティルサイダー

単一年のりんごで造るスティルタイプのサイダー。アルコール分6%、500ml、味わい：リッチ

→ アップル スィート

りんごジュースを少しブレンドした甘口。アルコール分5.7%、500ml、味わい：フレッシュ

サマセット

SHEPPY'S シェピーズ

⌂ SHEPPY'S ／シェピーズ
http://fullmontyyokohama.com
✈ 輸入取扱：FULLMONTY imports
http://fullmontyyokohama.com

ヴィンテージ リザーブ

使用りんご
ヤーリントンミル、
ハリーマスターズジャージー他

オーク樽で熟成させた、フルボディで飲みごたえのある味。

スイート ドライ
アルコール分7.4%、500ml、味わい：リッチ

老舗メーカーの風格がある建物。古いミルや道具なども残されている。

200年の歴史を経て、愛され続けるサイダー

南西部サマセット地方で200年の歴史をもつ、イングランドで2番目に古いサイダーメーカーです。第二次世界大戦時は製造がストップしましたが、その後再開し、現在は6代目に引き継がれています。150haある広大な農場では、アヒルや牛なども飼われおり、りんごの搾りカスは餌として無駄なく活用されています。サイダーは、これまで数々の賞を獲っていますが、2017年日本で初めて行われた国際的な品評会「フジ・シードル・チャレンジ」で、「ヴィンテージサイダー」が金賞とベストバリュー賞をダブル受賞しました。

伝統を守りながら現代に合うサイダーを造る、6代目当主のデヴィッド・シェピー氏と妻。

←サマセット・ドラフト
優しい甘さがあるミディアムスイート。

→キングストン・ブラック
単一りんごで造る辛口。

サフォーク

ASPALL
アスポール

ASPALL ／アスポール
http://www.aspall.co.uk
輸入取扱：ホブゴブリンジャパン
https://www.hobgoblin-imports.jp

ドラフト・サフォーク
使用りんご
ラセットほか
華やかな香り、果実味あふれる繊細な辛口サイダー。

イギリスはもちろん、世界中のパブで大人気。日本でもホブゴブリンでドラフトが飲める。

スイート ●―●―●―●―● ドライ
アルコール分5.5%、330・500ml、味わい：エレガント

老舗メーカーの風格を感じる上質な味

イングランド東部、サフォークに1728年に設立され、8代に渡り引き継がれている老舗サイダーメーカーです。設立当時、フランスのノルマンディーから船で運ばれたという、りんごを破砕する花崗岩のミルは、1947年まで使われていたそうです。アスポールのサイダー製造275年を記念して造られた「ドラフト・サフォーク」は、ラセット種を中心としたりんごの華やかな香りが際立つ人気のサイダーです。ドラフトも展開しており、日本でも輸入元のホブゴブリンのパブで味わうことができます。

8代続くアスポール社の歴史を語る古い樽や、製造風景の記録。

← インペリアル・ヴィンテージ
ふくよかな甘さと飲みごたえ。アルコール分8.2％、500ml、味わい：エレガント

→ オーガニック・サイダー
ビタースイートな、伝統の味。アルコール分7％、500ml、味わい：フレッシュ

ウェールズ

ミディアムスウィート・ヤーリントンミル

使用りんご
ヤーリントンミル

スイート ●—●—🍎—●—● ドライ
アルコール分6%、330ml、味わい：エレガント

Apple County Cider Co
アップル・カウンティ・サイダー

アップル・カウンティー・サイダー／
Apple County Cider Co
http://applecountycider.co.uk

輸入取扱：キムラ
http://www.liquorlandjp.com

単一品種のりんごの個性を引き出したサイダー

ウェールズの家族経営のサイダーメーカー。りんご農園は1969年開業、サイダー醸造は2014年から始めました。ゆっくりと低温で発酵させることで、単一品種のりんごの個性を活かしています。ミディアムスウィートは甘みと渋みのバランスが絶妙。辛口もあり、こちらはシャープな味わいです。

オーナーのベン氏と妻のステフ氏の2人で切り盛りしている。

コーンウォール

コーニッシュ・ゴールド サイダー

使用りんご
コックス、ブラムリー、オールドコーニッシュ種など

スイート ●—●—●—🍎—● ドライ
アルコール分5%、330ml、味わい：エレガント

Cornish Orchards
コーニッシュ・オーチャード

CORNISH ORCHARDS／
コーニッシュ・オーチャード
http://www.cornishorchards.co.uk

輸入取扱：ワインショップ西村
http://ws2460.com

コーンウォールの自然とともに伝統的なサイダー造りを

イギリスの西南端、コーンウォールにあるクラフトサイダーメーカー。1600年よりコーンウォール侯爵の領地だった農地の一部を、1992年にアントニー・アトキンソンが、地域の自然環境、野鳥保護の一環で伝統的りんご果樹園を再生したことから始まりました。現在は、数々の受賞歴がある大手サイダーメーカーです。ファーム・サイダーは、トラディショナルで果実味あふれる柔らかな味です。

サマセット

ペリーズ パフィン
(ボトルコンディション・サイダー)

使用りんご
ダビネット、
レッドストリークなど

スイート ●—●—●—🍎—● ドライ
アルコール分6.5%、330ml、味わい：リッチ

PERRY'S
ペリーズ

PERRY'S／ペリーズ
http://www.perryscider.co.uk
輸入取扱：ワインショップ西村
http://ws2460.com

木樽でじっくり熟成される コクのあるクラフトサイダー

本格的なサイダー醸造が始まったのは1926年ですが、それよりはるか昔16世紀から農場でりんごを育て、藁葺き小屋でりんごを圧搾していました。その小屋は現在、サイダー博物館になっています。ペリーズのサイダーの特徴は、余計なものは加えず、天然酵母で発酵し、木樽で6か月〜長いものは2年熟成させること。しっかりとした味わいは、食中酒としても楽しめます。数々の賞を受賞したサイダーです。

ヘレフォードシャー

ウェストンズ
ヴィンテージ・サイダー

使用りんご
ヘレフォードシャー産

スイート ●—●—●—🍎—● ドライ
アルコール分8.2%、500ml、味わい：ワイルド

WESTONS CIDER
ウェストンズ・サイダー

WESTONS CIDER
http://www.westons-cider.co.uk
輸入取扱：FULLMONTY imports
ＦＢ／ Full Monty British Pub & Cider House

左／ ミディアムドライ
アルコール分6.5%
甘み、酸味のバランスがよい1本。

右／ ミディアムスウィート
アルコール分4.5%
ライトでフルーティな甘さ。各500ml

英国伝統の スタイルを感じる プレミアムなサイダー

125年以上の伝統を誇る老舗サイダーメーカー。世界25か国以上で愛飲されている名門です。伝統製法による、サイダーを30種類以上も造っています。ヴンテージ・サイダーは、古いオーク樽で熟成させたフルボディタイプ。日本では他に、ミディアムドライと、ミディアムスウィートが飲めます。

マグナーズ
オリジナルサイダー

スイート ●—●—●—●—● ドライ
アルコール分4.5%、330ml、味わい：ワイルド

MAGNERS
マグナーズ

⌂ MAGNERS
http://www.magners.com
✈ 輸入取扱：アイランドフードグループ株式会社
http://www.islandfoodgroup.com/jp/

左から、甘口の「ジューシーアップル」、「ペアー」「ベリー」とフレーバーも豊富。

アイルランドナンバー１の知名度を誇るサイダー

イギリスの隣、アイルランドもサイダー大国。もっともポピュラーなのがマグナーズです。創業は1935年。ウィリアム・マグナー氏により始められ、その後の経緯はありますが、現在、ヨーロッパ各国、北米、オーストラリアなどでも、パブの定番サイダーになっています。しっかりとした果実味のあるフルボディ。

IRELAND

アイルランドサイダー事情

シードルに合わせたパブのメニュー、チキンのフリットをはちみつとしょうゆのソースで。

アイルランドには紀元前からりんごの木が自生していて、ケルトの神話にもサイダーらしき飲み物が登場しており、その歴史は古いと推測されます。1600年頃、イギリス人によって本格的なサイダー醸造が始まり、20世紀に入るとマグナーズなどの大手メーカーも登場。ポピュラーな飲み物になります。

現在アイルランドは、2005年頃からのクラフトビールの急成長に伴って、クラフトサイダーがブームとなっています。ダブリンで人気のグルメパブ「L.Mulligan Grocer」では、北東部ドロヘダ産のクラフトサイダーに、ブラックプディング（血のソーセージ）を使ったスコッチエッグや、甘辛い味付けのフリットなどを勧めています。また、有名チーズ専門店「シェリダンズ」でも、サイダーに合うチーズをチョイスしていて、新たな楽しみ方を提案しています。

（取材・松井ゆみ子）

GERMANY

ドイツ

りんごの産地であるフランクフルトとその周辺は、りんごのお酒 Appfelwein＝アプフェルヴァイン（アップルワイン）が、ビールと同じように飲まれます。微炭酸で酸味の強い、果実味のある味わいです。

アップルワイン用の陶器を売る専門店もあり、お土産にも最適。

アップルワインを出す店は、写真のようなリースとベンベルが掛かっているのが目印。フランクフルトにて。写真提供:森本智子(このページすべて)

ドイツといえばビール大国。でも、りんごの産地であるフランクフルトとその周辺では、ビールと並んでアップルワインがポピュラーです。ドイツ語ではAppfelwein＝アプフェルヴァイン。フランクフルトを含むヘッセン州ではHessischer Apfelwein(ヘッセン州産アップルワイン)をEUの原産地表示制度に登録しています。

ドイツのアップルワインは、シードルやサイダーとは風味がまた異なり、微炭酸で辛口、酸味が強いものが多いのが特徴。ストレートで飲むほか、ミネラルウォーターや炭酸で割って飲むこともあります。

アップルワインは陶器のジャグ、Bembel＝ベンベルから、アップルワイン専用グラス、Geripptes＝ゲリプテスという、上が少し開いたグラスに注がれます。グラスいっぱいに注いで、ごくごく飲むカジュアルなワインです。また、寒い時期に飲む、スペイスを加えたホットアップルワインも人気です。

街のアップルワインを出す酒場の看板には、モミの木のような枝葉で作ったリースが掛けられています。

フランクフルトのアップルワインのスタンド。

フランクフルト

Schneider
シュナイダー

⌂ Schneider
https://obsthof-am-steinberg.de

✈ 輸入取扱：(株)エヌ・ビー・シー・ジャパン
http://may-eu.com

Carpetin 2015

使用りんご
カーペティン

微発泡で中辛口。華やかな香りと豊かなボディのふくよかな味わい。

スイート ●—●—●—●—● ドライ
アルコール分4.5%、750ml、味わい：リッチ

美しい農園では、イベントなども行われている。

フランクフルトが誇る貴重なサイダー

ドイツのりんごの産地、フランクフルトのヘッセン地方で1964年に創業。ドイツのトップブランドとして愛され続ける、老舗アップルワインメーカーです。1993年に現オーナーのアンドレアス氏が引き継ぎ、自然環境に配慮したりんご栽培を行い、昔ながらの製法を守りながら独自のワインを造り出しています。りんご農園「アムスタインバーグ」では120種ものりんごが育てられ、見学ツアーやイベントなども催されているそうです。

年間3.5万ℓという限定生産のため国外に出ることはありませんでしたが、味に惚れ込んだ輸入元の代表がフランクフルト出身という繋がりで、日本が初めての輸出先に。貴重なワインです。

1 **Hermelin 2014** アルコール分3.5%
2 **Rote Sternrenette 2014** アルコール分2.5%
3 **Roter Trierer Weinapfel 2014** アルコール分1.5%

フランクフルト

アップル グリューワイン (ホット用)

独自の製法で作られた、フランクフルト市民に最も愛されている、りんごの酸味がさわやかなホットアップルワイン。

スイート ●—●—●—●—● ドライ

アルコール分5.5%、1000ml 、味わい：リッチ

Possmann
ポスマン

⌂ Possmann
https://www.possmann.de

✈ 輸入取扱：(株)エヌ・ビー・シー・ジャパン
http://may-eu.com

温めて楽しむ アップルグリューワイン

1881年創業の、アップルワイン、アップルジュースで有名なフランクフルトのメーカーです。アップルグリューワインは、クリスマス時期に飲まれるホットワインで、冬の風物詩ともいえるもの。この商品は、アップルワインをシナモンやクローブで風味付けし、砂糖を加えてあるので、温めるだけで本場のおいしさを楽しめます。りんごの豊かな風味が魅力の、日本でも人気上昇中のアップルワインです

フランクフルト

1 オーガニック シードル ゴールド

2 オーガニック シードル ロゼ

スイート ●—●—●—●—● ドライ

アルコール分4.5%、各330ml 、味わい：カジュアル

Heil
ヘイル

✈ 輸入取扱：ミトク
https://31095.jp

オーガニック素材にこだわった 発泡性のアップルワイン

1963年にフランクフルト郊外の小さな町で、パブの経営からスタート。自社でおいしいオーガニックのアップルワインを提供しようと、飲料会社を設立し、3世代にわたって家族経営を行っています。製品は高く評価され、DLG（ドイツ農業協会）の金メダルを獲得。フレッシュで軽やかな味です。

イタリア

Egger Franz
エッゲル フランツ

Egger Franz
https://www.floribunda.it/

輸入取扱：エヴィーノ
https://www.evino33.com

無農薬、無肥料で栽培するりんご畑。

フランツ・エッゲル氏は植物学者でもある。

スィドロ アッラ コーニャ

使用りんご
トッパス、ゴルドラッシュほか

西洋カリン（マルメロ）をブレンドした微発泡のシードル。

スイート ●—●—●—●—● ドライ
アルコール分6%、750ml、味わい：エレガント

植物と菌の研究者が造る、個性的なシードル

イタリア北部アディジェ州の小さな町にあるシードル醸造所。現オーナーのフランツ・エッゲル氏は、植物学者として大学に勤務し、自然環境、菌、酵母などを研究してきたという異色の経歴の持ち主。1994年に大学を退職後、父のりんご農家を引き継ぎ、シードル醸造の世界へ入ります。イタリアは他のヨーロッパに比べて、シードル造りは盛んではありません。フランツ氏は「果実以上の表現ができるのがシードル造り」と、研究を重ねてきました。

長年の知識をもとに、無農薬、無肥料栽培を実践。樹で完熟したりんごを圧搾した果汁を小型タンクで20~30日間発酵させた後、別のりんごジュースと微量の酵母を加えて瓶内二次発酵させます。フィルターは使用せず、澱引きの回数を減らし、澱によって原酒が守られる状態を維持し、酸化防止剤は使用しません。味わいは繊細で奥深く、マルメロやジンジャー、サンブーカという花でフレーバーを付けたり、個性的なシードルを造り出しています。

お嬢さんと一緒に

スイス

Cidrerie du Vulcain
シードルリー・デュ・ヴュルカン

Cidrerie du Vulcain
http://www.cidrelevulcain.ch/wp/

輸入取扱：野村ユニソン
http://www.nomura-g.co.jp

シードル ロウ ボスコップ

使用りんご
ベレ ド ボスコップ

オランダ原産の野生種に近い、酸味の強いりんごを使用。みずみずしい香りとほのかな甘み。

瓶内二次発酵で仕上げられる。

スイート ― ドライ
アルコール分5%、750ml、味わい：エレガント

古来種のりんごをシードルにして、未来へつなぐ

スイス西部、フリブール地方の小さな村、ル ムレ村を拠点にシードルを造るジャック・ペリタズ氏は、森の生態系や自然環境保全の研究者。ある日地元で、古来種の自然栽培のりんごが利用されずそのまま樹になっているのを見て、「このりんごを無駄にしないことが、自然環境保護につながるのでは」とシードル醸造を思いつきます。

研究者の仕事を続けながら2006年頃から実験的にシードル造り開始。完全自然栽培で、樹齢の高い古い品種の樹を近隣で探して買い付け、樹上で完熟したものを原料にします。補糖なしで自然酵母だけでゆっくり発酵させ、数回ろ過を行い、瓶内二次発酵で仕上げます。酸化防止剤の使用はキュベにより判断。クリアさとナチュラルな味わいのバランスが絶妙です。

地元の果物を自ら醸造し、別な価値を付加することで、自然環境を守り生かすという、新しい方法を実践するジャック氏。その思いはピュアな味わいとなって表れています。

工房にて、ジャック・ペリタズ氏。

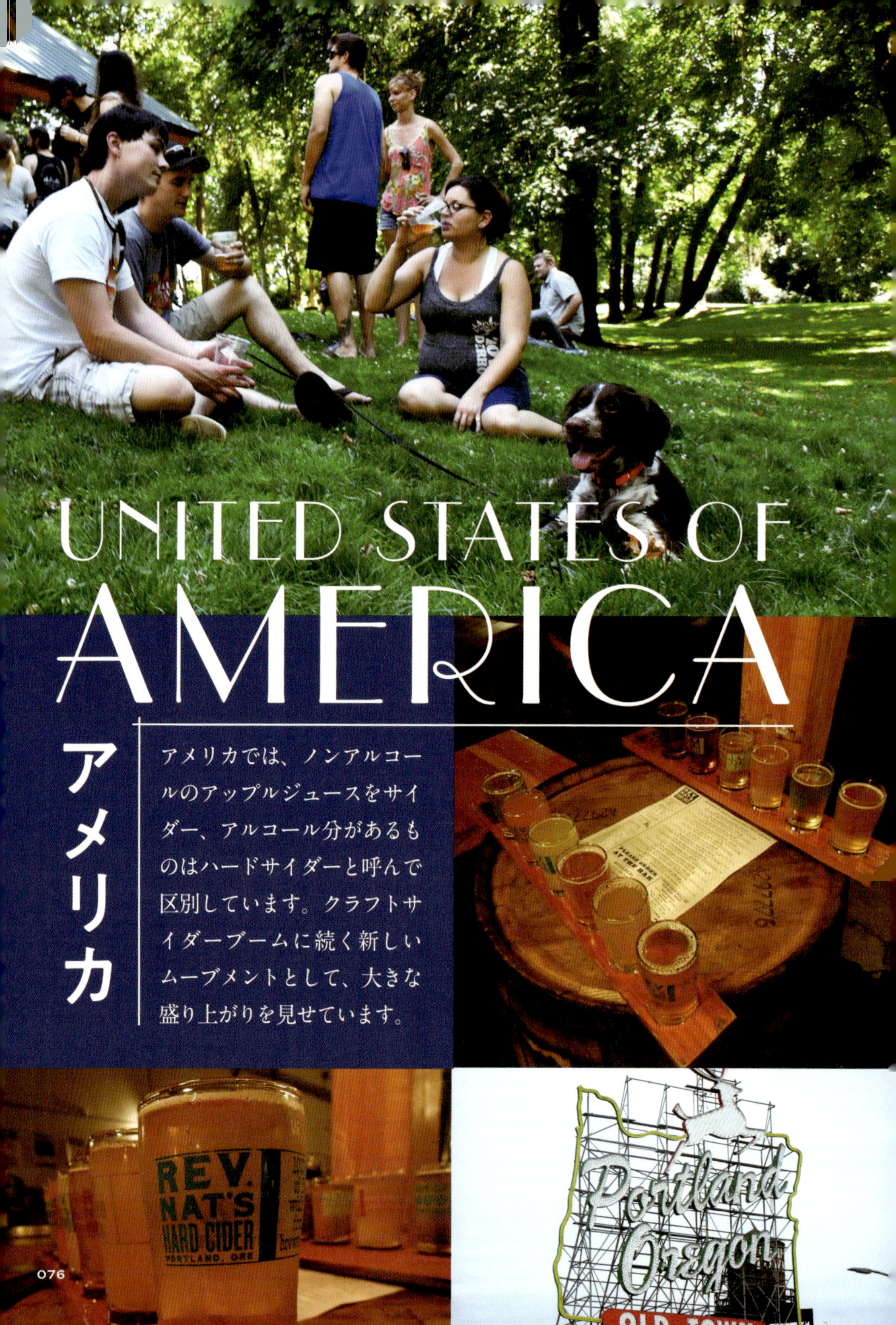

UNITED STATES OF AMERICA

アメリカ

アメリカでは、ノンアルコールのアップルジュースをサイダー、アルコール分があるものはハードサイダーと呼んで区別しています。クラフトサイダーブームに続く新しいムーブメントとして、大きな盛り上がりを見せています。

ポートランドで人気のサイダー・ライオット店舗。おしゃれな空間で、ハードサイダー片手に話しがはずむ。写真提供：森岡祐樹（このページすべて）

左ページ：アメリカのハードサイダーは、オレゴン州を中心に、独自のカルチャーとして広がりを見せる。写真提供： 2 Towns Ciderhouse、森岡祐樹

UNITED STATES OF AMERICA

アメリカにおけるハードサイダーの歴史は長く、1600年代にはすでに東海岸北部ニューイングランド地方のりんご農家で造られていたという記録があります。りんご産地の多いアメリカでは、ポピュラーなお酒でしたが、20世紀に入ると、1920年に始まった禁酒法に加え、ドイツ移民の移住の増加でビール人気が高まり一度は下火に。しかし、この数年のクラフトビールブームの中、その発信地のひとつであるオレゴン州ポートランドでは、職人気質のメーカーがハードサイダー造りを始め、こだわりの製品を次々と生み出しています。地元の食材を大切にするローカルブームや、グルテンフリーなど健康志向の食トレンドなども加わって、新しいものに敏感な20～30代を中心に、ムーブメントは広がっています。

アメリカのハードサイダーの特徴は、りんごをベースに、アプリコット、ベリー類、スパイスなど、多彩なフレーハードサイダーが多いこと。メーカーによっては50種類以上造っているようなところも。異業種から転身した若者も多く、新しいカルチャーとしてますます盛り上がりを見せそうです。

自転車やスケートボードなどの若者文化と、ハードサイダーは密リンクしている。

オレゴン州・コーバリス

2 Towns Ciderhouse ツータウンズ・サイダーハウス

⌂ 2 Towns Cider House
https://2townsciderhouse.com
✈ 輸入取扱：チョーヤ梅酒株式会社
http://www.choya.co.jp

ブライトサイダー

使用りんご
ニュータウンピピンほか

白ワイン用酵母を使用。青りんごの香りと酸味を活かしたクリアな味。

ガレージから始まったビジネスが、今やビッグカンパニーに。

スイート ●—●—●—●—● ドライ
アルコール分6%、355ml、味わい：フレッシュ

幼なじみが集まったアットホームなサイダーハウス

オレゴン州中央西部の街コーバリス、3人の幼なじみが集まり、2010年に小さなガレージから始めたサイダーハウスです。醸造を学んだリー氏、グラフィックデザイナーのアーロン氏、発酵学の修士を持つデイブ氏の3人。2 Townsという名は、3人が異なる2つの街に住んでいたことに由来します。現在はアメリカ西部で生産量、評価ともにナンバーワンを誇る会社です。

きっかけは、リー氏が趣味で造っていたハードサイダーを、2009年に兄の結婚パーティでふるまったことでした。サイダーは好評で、特にアーロン氏が興味を示し、2人でガレージを借りてタンク2つのハードサイダーを造ったのです。「もし売れたらビジネスにしよう」と。結果、サイダーはわずか3か月で売り切れました。まだオレゴンでのハードサイダーのマーケットがほとんどない時代です。ビジネスチャンスを感じ、翌年からデイブ氏も交えて本格的にサイダー造りをスタート。シリコンバレーのエンジニアだったリー氏の兄ネルズ氏が、ビジネスアドバイザーで加わるなどし、急速に盛り上がるサイダー市場の波に乗って、売り上げを伸ばしました。現在は2つ

近隣のりんごを
新鮮なうちに

← フレッシュな果汁を低温でゆっくりと醸造して瓶詰め。ひとつひとつの過程にこだわるのが、おいしさの秘密。

↑ 近隣の農家と長期契約をしてサポートしたり、アドバイスをしたり、地域ごと盛り上げようとしている。最近は自社農園もスタート。

U.S.A
アメリカ

の醸造所と専門のタップルームを構え、自家農園もスタートしています。

こだわりは、100% 北西米国産の搾りたてのりんご果汁を 24 時間以内に発酵させていること。砂糖、濃縮果汁、人工香料、着色料無添加。商品ごとに使用するワイン酵母を変え、りんごの種類もそれぞれ異なるブレンドをすること。その味わいは、わくわくするような新しいアイデアに満ちています。

ローカルでアットホームな会社は、地元スポーツメーカーのスポンサーをしたり、イベントを主催したりと、地域を盛り上げる活動にも積極的です。

メイドマリオン

使用りんご
アメリカ産りんご
アルコール分6%、355ml、
味わい：フレッシュ

地元のマリオンベリーをブレンドした、セミドライのベリー味。

アウトサイダー

使用りんご
ジョナゴールドほか
アルコール分5%、355ml、
味わい：フレッシュ

ブライトサイダーとは異なる白ワイン酵母使用。無ろ過でコクがある。

オレゴン州・ポートランド

Reverend Nat's Hard Cider
レヴェレンド・ナッツ ハードサイダー

⌂ Reverend Nat's Hard Cider／
レヴェレンド ナッツ　ハードサイダー
http://reverendnatshardcider.com

✈ 輸入取扱：ファーマーズ
https://www.facebook.com/karezunobia/

リバイバル
ハード アップル

使用りんご
ワシントン州産りんご

メキシコの赤砂糖ピロンチージョを加え、2種類の外国産イーストで発酵した、人気定番商品。

元倉庫をリノベーションした醸造所は、ポートランドらしいDIY感覚があふれる。

スイート ●―●―●―●―● ドライ
アルコール分6%、500ml、味わい：カジュアル

素材の組み合わせが生む多彩なフレーバードサイダー

オレゴン州ポートランド北東部、ローズクォーターにあるレヴェレンド・ナッツ。スパイスやフルーツを組み合わせた、斬新なフレーバードサイダーを得意としています。その数は年間50種類にもなるとか。

オーナーのナット・ウェスト氏は、以前はプログラマーの仕事をしていました。趣味で造り始めたハードサイダーが好評で、仕事を辞めて、現在の場所に醸造所を移したのが2013年。クラフトサイダーブームに影響を受けながら、個性的なハードサイダーを造り続けています。たとえば、日本でも人気の「ハレルヤ　ホプリコット」は、ホップとアプリコット果汁を使い、コリアンダー、オレンジピール、スターアニスなどのスパイスで香りづけしています。日本人醸造家とも親交が深く、日本原産のりんごを日本酒のイーストで仕込んだ商品もあります。

← ハレルヤ
ホプリコット
→ マグニフィセント・セブン

日本原産のりんごを7種類使った「七人の侍」サイダー。
（ともに）アルコール分7%、500ml、味わい：フレッシュ

オレゴン州・ポートランド

Cider Riot!
サイダー・ライオット

⌂ Cider Riot! ／サイダー・ライオット
http://www.ciderriot.com
✈ 輸入取扱：ファーマーズ
https://www.facebook.com/karezunobia/

ネバー ギブ アンインチ

使用りんご
フッドリバー、ヤキマ産りんご

ブラックベリーとカシスをブレンド。香りは甘いがドライでタンニンも効いている。

おしゃれなタップルームでは、常時10種類ものハードサイダーが。

スイート ●—●—●—●—● ドライ
アルコール分6.9%、500ml、味わい：リッチ

ガレージ精神あふれる、自由なハードサイダー

ポートランドらしく自宅のガレージでスタートして、2016年9月に醸造所と店を構えたばかりというサイダー・ライオット。店は約1か月半をかけてセルフリノベーションしたそう。オーナーのアブラム氏は、学生時代に留学したイギリスでサイダーに出会ってその魅力にはまり、自宅で10年近くもサイダー造りを研究した後、ビジネスを始めました。ポートランド近隣のカスケードで採れた新鮮なりんごを使って、ドライで複雑味のあるハードサイダーを造っています。味も個性的ですが、エチケットのアートワークや、遊び心があるネーミングにも、アブラム氏のセンスがあふれます。人気の「ネバーギブアンインチ」は、Never give an inch＝妥協するな、という意味。オレゴン産のブラックベリーとカシスをブレンドした、フルーティなだけではない、ひとひねりある味わいです。

エブリバディ・ポゴ

アルコール分6.7%、500ml、味わい：リッチ

イギリスで使われるゴールディングス・ホップを使用。さわやかな香り。

U.S.A
アメリカ

オレゴン州・アップルゲートバレー

オリジナル
ハード サイダー

使用りんご
オレゴン州・
ワシントン州産

スイート ●—●—●—●—● ドライ
アルコール分5.5%、650ml、味わい：フレッシュ

Apple Outlaw
アップル・アウトロー

Apple Outlaw ／アップル・アウトロー
http://www.appleoutlaw.com
輸入取扱：ファーマーズ
https://www.facebook.com/karezunobia/

有機栽培のりんごから造る家族経営の醸造所

　オレゴン州南部、美しい自然あふれるアップルゲートバレーにある2013年創業の醸造所。ご夫婦2人で経営しています。有機農法の認証を受けている自社農園では、15品種のりんごを栽培しています。りんごからこだわって、ていねいに造られるサイダーは評価が高まっていて、ポートランド・インターナショナル・サイダー・カップで、2年連続「小規模生産者賞」に輝いています。

オレゴン州・ポートランド

APPLE

使用りんご
オレゴン州・
ワシントン州産

スイート ●—●—●—●—● ドライ
アルコール分5.5%、355ml、味わい：カジュアル

Portland Cider Company
ポートランド・サイダー・カンパニー

Portland Cider Company ／ポートランド・サイダー・カンパニー
https://www.portlandcider.com
輸入取扱：ファーマーズ
https://www.facebook.com/karezunobia/

アメリカのりんごでイギリス風サイダーの味わい

　夫はオレゴン州出身、妻はイギリスのりんご産地サマセット州出身というご夫婦が経営する醸造所。アメリカ北西部のフレッシュなりんごジュースを使って、ドライなイギリス風サイダーを造っています。飲み口が軽く、さわやかな味わいは、アウトドアなどのシチュエーションにぴったり。気軽に飲める缶入りも人気です。

ニューヨーク州・ニューヨーク

APPLE

使用りんご
自社農園りんご

スイート ●—●—●—●—● ドライ
アルコール分6%、355ml、味わい：フレッシュ

Original Sin
オリジナル・シン

Original Sin ／オリジナル・シン
http://www.origsin.com
輸入取扱：えぞ麦酒
http://www.ezo-beer.com

ニューヨークで造られるこだわりのハードサイダー

1996年に設立された、ニューヨークに拠点を置くサイダーメイカー。創立者ギドン・コル氏は、ニューヨーク州北部の果樹園で80品種以上もあるりんごを栽培しており、古いアメリカの伝統品種やカザフスタンやトルコの品種なども育てています。オリジナルサイダーは、華やかな香りと、酸味と甘みのバランスがよい定番。その他のサイダーも高い評価を受けています。

オレゴン州・ベンド

アトラス・アップルサイダー（缶）

使用りんご
オレゴン州、ワイントン州産

スイート ●—●—●—●—● ドライ
アルコール分6%、355ml、味わい：フレッシュ

ATLAS Cider Co.
アトラス・サイダー

ATLAS Cider Co. ／アトラス・サイダー
http://www.atlascider.com/
輸入取扱：えぞ麦酒
http://www.ezo-beer.com

地元のフルーツにこだわったナチュラルでさわやかなサイダー

オレゴン州ベンドにあるアトラス・サイダー社。手がけているのは、ダン＆サマンサ夫妻です。アトラスは、彼らの小さな息子の名前なのだとか。オレゴン州、ワシントン州産のフレッシュな果実のみを使用して、人工的な添加物は一切使わず、ナチュラルなサイダーを造っています。スタンダードなサイダーの他、ダークチェリーやブルーベリー、アンズなどをブレンドしたサイダーも好評です。

オーストラリア

アップル＆ジンジャー

使用りんご
グラニースミス、
ゴールデンデリシャス、
ロイヤルガラ、ジョナサン

スイート ●—●—🍎—●—● ドライ
アルコール分8%、330ml、味わい：カジュアル

Hills Cider
ヒルズ・サイダー

The Hills Cider Company
http://thehillscidercompany.com.au
輸入取扱：モトックス
https://www.mottox.co.jp

フレッシュな味わいを追求したクラフトシードル

オーストラリアでもサイダーの生産量、消費量は急激に伸びています。イギリスのパブ同様に、サーバーから提供されるドラフトサイダーが人気。中でも、このヒルズサイダーは人気のブランドです。南オーストラリアのりんごの名産地、アデレードヒルズ産のりんご4種類をブレンドし、それぞれのりんごの個性を活かしています。クイーンズランド産のしょうがの汁を加えたアップル＆ジンジャーも人気。

ニュージーランド

ホップド サイダー

使用りんご
グラニースミス、
レッドブレイバーン、ふじ

スイート ●—●—🍎—●—● ドライ
アルコール分5.4%、330ml、味わい：カジュアル

Zeffer
ゼファー

Zeffer Cider
http://www.zeffer.co.nz
輸入取扱：ウィスク・イー
https://whisk-e.co.jp

りんごとホップが調和したニュージーランドサイダー

ニュージーランドの北島、オークランドに近いマタカナに2009年開業。創業者のひとりサム・スミスの両親の小さな農場からスタートしたサイダリーです。ニュージーランド産のりんごで、こだわりのクラフトサイダーを造っています。「ホップド サイダー」は、グリーンアップルの爽快さに、ホップ由来のフローラルなアロマと、フルーツのフレーバーがハーモニーを奏でます。

今飲みたい
日本のシードル

国産シードルの動向について

小野 司

おいしい生食用りんごを活かし、生産量・消費量ともに拡大

日本のシードルの市場は、この数年で大幅に伸び、刻々と変化しています。りんご産地では、りんご加工の新たな販路として農家がワイナリーに委託醸造したり、JA（農業共同組合）子会社が醸造会社に出資をしたり、シードル専門の醸造所がオープンしたりと、広がりを見せています。

欧米ではシードル専用品種のりんごでシードルを造りますが、日本では生食用のりんごの風味を活かしたシードルが主流です。日本のりんご栽培技術は、世界に類を見ない高いレベルです。生食のりんごがこんなにおいしい国はほかにありません。生食用りんごをベースに、日本ならではのシードル造りの時代が始まったと言ってもいいでしょう。

ドイツで開かれるシードルの国際品評会「国際シードルメッセ」で青森県のタムラファームが2年連続でポムドール賞を受賞したり、イギリスで毎年開催されている「International Cider Challenge」に国内のメーカーが出品して受賞するなど、日本のシードルの品質が世界でも認められ始めています。

日本のシードルにまつわる歴史

1868年（明治元年）
横浜で、イギリス人ノースレー氏により、レモネードやジンジャーエールが製造されていた。その後、横浜扇町の秋山巳之助氏が王冠付き炭酸飲料を「金線（シャンピン）サイダー」という名で発売。当時の日本はりんごがまだ手に入らず、サイダーの代替品でりんご風味だった。

1869年（明治2年）
ドイツ人R・ガルトネルが大規模な農場を北海道の七飯に開き、りんご等の苗木や種子を本国より取り寄せ栽培を試みる。

1901年（明治34年）
青森県でりんご酒醸造販売（青森県庁ホームページより）

1935年（昭和10年）
壽屋（現サントリー）が「林檎シャンパン・ポンパン」を発売。（※りんごのフランス語ポムとシャンパンのパンを組み合わせた造語）

1954年（昭和29年）
青森県弘前市の酒造メーカー社長、吉井勇氏が「アサヒビール」と提携して「朝日シードル株式会社」を設立。1956年に、シードルを発売。 現ニッカシードル。

地域ぐるみでのシードル造りの挑戦

- 南信州まつかわりんごワイン・シードル振興会（2014年長野県松川町）
- ASTTAL シードルクラブ（2015年長野県伊那市）
- 伊那市の飲食店30軒＋りんご農家による地域振興活動
  →伊那谷シードルバレー化への動き
- 壮瞥シードルづくり実行委員会（2015年北海道壮瞥町）

シードル専門醸造所の登場

- 増毛フルーツワイナリー（2003年北海道増毛町）
- A-Factory（2010年青森県青森市）
- 弘前シードル工房 kimori（2014年青森県弘前市）
  「ふるさと名品オブ・ザ・イヤー」の「自治体が勧めるまちの逸品」部門にて「優秀賞」受賞
- タムラファーム（2014年青森県弘前市）
  国際シードルメッセ2016、2017連続で「ポムドール賞」受賞
- ふかがわシードル　アップルランド山の駅おとえ（2015年北海道深川市）
- カモシカシードル醸造所（2016年長野県伊那市）
- ファーム&サイダリーカネシゲ（2016年長野県下條村）
- GARUTSU 代官町醸造所（2017年10月 青森県弘前市）
- もりやま園（2017年11月 青森県弘前市）

シードル業界の数字

キリンビールと、アサヒビールの生産量推移（2年半分）及び小規模生産者の生産量（官公庁に統計が無いため、一部メーカーに生産量をヒアリングしたうえで、各生産者の流通状況から想定）

- キリンハードサイダー（キリンビール）の生産量の推移 ※1kℓ＝1000ℓ
  2015年 1,417kℓ　2016年 1,852kℓ（前年比130%）　**2017年 未公表**
- ニッカシードル（アサヒビール）の推移
  ※前年比のみ率。生産量は公式（広報）では発表していないため。
  2015年 前年比111%　2016年 前年比110%　2017年（上半期）前年比109%
- ワイナリー等小規模醸造所（国内約60醸造所）
  多いところで、約40kℓ、少ないところで、約2kℓ
  平均約6kℓ、全体で約360kℓと推測される。

シードルの生産量は、国税庁にも数字がないのですが、ここから推測するに、日本のシードル生産量は、年間約3500～3800kℓ。昨年の市場成長率は120%くらいではないかと思われる。

HOKKAIDO

北海道

西洋りんご発祥の地が生むシードルのポテンシャル

北海道は、りんごの収穫量全国7位のりんご産地です。そして、日本で初めて西洋りんごが伝えられた地でもあるのです。1868年（明治元年）にドイツ人の農業指導者R・ガルトネルが函館市に隣接する七重村（現：七飯町）に「七重村農場」を開設。翌年海外から西洋りんごやぶどうの苗を取り寄せ、植栽しました。そこから、日本のりんご栽培の歴史が始まったのです。現在北海道で作られているりんご品種に、たとえばブラムリーやコックス・オレンジ・ピピン、マッキントッシュなど外国産が多いのは、このような背景があるからと言えそうです。これらの品種は、北海道のシードル造りに、大きな役割を果たしています。

北海道のりんごとシードルの産地は、北は北見市、増毛町や深川市、東は三笠市、西は余市町、そして南は壮瞥町や七飯町など、札幌を取り囲むように広がっています。広大な土地の中で、それぞれの生産者が、それぞれのブレンドや醸造法で、ポテンシャルの高いシードル造りを行っています。シードル専門の醸造所もでき、今後ますます盛り上がりを見せそうです。

札幌市

Sappro Fujino Winery
さっぽろ藤野ワイナリー

北海道札幌市南区藤野670-1
☎ 011-593-8700
http://www.vm-net.ne.jp/elk/fujino/

山小屋風の建物は、1階が醸造所、2階が試飲や買い物ができるスペースになっている

シードル ブラムリー

使用りんご
ブラムリー

青りんごのきれいな酸味。フレッシュだけれどコクのある飲み心地。

スイート ―●―●―●―●―● ドライ

アルコール分6.5%、750ml、味わい：フレッシュ&エレガント

ブラムリーの酸味を活かした北のシードル

札幌中心部から南に車で30分ほど、2009年に誕生したワイナリーです。伊與部（いよべ）淑恵・佐藤トモ子さん姉妹が、なるべく農薬を使わず栽培する自社農園と近隣の契約農家の果実から、自然な製法でワイン、シードルを造っています。2014年からは醸造担当として20代の浦本忠幸さんが加わりました。

シードルは、余市町登地区「三氣（みき）の辺（ほとり）」産のブラムリーを使用。青りんご特有の香りと爽やかな酸味が心地よく、体に優しくしみわたるおいしさです。無ろ過なので澱もありますが、その分味わい深く、「もし澱が残ったら、煮込み料理などに使ってください」とはスタッフの方のアドバイス。ちなみにおすすめのおつまみは「ナチュラルチーズ」だそうです。

試飲をしながら醸造所をガラス越しに見学できるショップの壁には、<ワイン造りのキーワード「選果」「野生酵母」「無ろ過」「低亜硫酸」>という言葉が掲げられています。これが藤野ワイナリーのこだわりのすべてです。

ワイナリーに隣接するあるカフェ・レストラン、ヴィーニュ。

札幌市

CHIOIOMI 青りんごシードル

使用りんご
プラムリーなど

スイート ●—●—●—🍎—● ドライ
アルコール分10%、250ml、味わい：フレッシュ

Hakkenzan Winery
八剣山ワイナリー

北海道札幌市南区砥山194-1
☎ 011-596-3981
http://www.hakkenzanwinery.com

北海道の大地から生まれる果物の力を大切に

八剣山の南山麓に2011年に誕生したワイナリー。畑の中にひときわ映える真っ赤な醸造所が目印です。「ワインは畑でできる」をポリシーに、ナチュラルな製法で醸造し、また自然景観を守るために植樹を行うなどの環境保全活動にも力を入れています。シードルは、北海道余市産の青りんごを使った、ややアルコール分高めの辛口。口の中に広がる青りんごの香りと、キレのよい酸味を楽しめます。

札幌市

シードロワイン

使用りんご
滝川市江部乙産

スイート ●—●—●—🍎—● ドライ
アルコール分8%、720ml、味わい：エレガント

Sapporo Bankei Winery
ばんけい峠のワイナリー

北海道札幌市中央区盤渓201-4
☎ 011-618-0522
https://sapporo-bankei-winery.jimdo.com

北海道に惚れ込んだワイナリーオーナーの発信

オーナーは東京出身、元経済産業省勤務の田村修二さんと奥様の雅子さん。世界各地で地場産品作りに携わった後、札幌へ。北海道の気候風土に惚れ込み、2001年にワイナリーを開設、自ら醸造に関わっています。シードルは、江部乙産の完熟りんごを自然の酵母の力だけで低温醸造。酸化防止剤不使用で、熟成による味の変化を楽しめます。自家製のシードル酵母パンやそば粉のガレット、チーズなども好評です。

余市町

**三氣の辺ブラムリーと
その仲間たち アップル
スパークリングワイン**

使用りんご
ブラムリー、ふじ、王林

スイート ―●―●―●―●―● ドライ
アルコール分6.5%、750ml、味わい：エレガント

Miki no hotori

三氣の辺 果樹園

北海道余市町登町1706-1
http://trinet.main.jp

栽培にこだわった健康な りんごをシードルに

余市町にある、ご夫婦二人で経営する小さな果樹園。除草剤を使わず、有機肥料や減農薬にこだわっています。シードルは減農薬栽培のブラムリーをベースにふじ、王林をブレンドして造られます。醸造はさっぽろ藤野ワイナリー。野生酵母と追果汁を繰り返して、ナチュラル発酵させています。

酸味があってフルーティ、広がる香りが上品で飲み飽きません。辛口なので、食中酒にもおすすめです。

余市町

**ナカイ
ヨイチ・シードル**

使用りんご
ブラムリー

スイート ―●―●―●―●―● ドライ
アルコール分7%、750ml、味わい：エレガント

Nakai Kanko Farm

中井観光農園

北海道余市郡余市町登町1383番
☎ 0135-22-2565

完熟のブラムリーの 上品な酸味と香り

1923年創業、海が一望できる農園で、りんご栽培を行っています。20年以上前から栽培しているブラムリーを活かせないか相談したのが、余市のワイナリー、ドメーヌ タカヒコの曽我貴彦さん。2011年からブラムリー100%のシードル造りが始まりました。完熟のりんごと野生酵母の力を活かし、ゆっくりと瓶内二次発酵させた、極上の味わいです。酸化防止剤は使用せず、できるだけ自然のままに造られています。

余市町

Rita Farm & Winery
リタファーム&ワイナリー

⌂ 北海道余市郡余市町登町1824番
☎ 0135-23-8805
http://www.rita-farm.jp

農家のシードル

使用りんご
ふじ、紅玉、王林

無濾過、瓶内二次発酵、酸化防止剤無添加の、すっきりナチュラルな辛口。

ワイナリーの風景。南斜面のぶどう畑は、「風のヴィンヤード」という名が付けられている。

スイート ●—●—●—●—● ドライ
アルコール分8%、750ml／360ml、味わい：エレガント

シャンパーニュ製法で造る北のシードル

2013年設立のご夫婦で経営するワイナリー。余市を代表する、あの『マッサン』の竹鶴とリタへの敬意を込めてリタファームと名付けたそうです。醸造責任者の菅原由利子さんは元ワインのインポーター、ご主人の誠人さんは、元醸造メーカー勤務という経歴。由利子さんは仕事でフランス各地を巡りながら、ぶどう栽培から醸造までを手がける小さな造り手の姿や、各地方に根付くワイン文化に感銘を受け、紹介する側から造る側への転身を決めたそうです。北のぶどうの酸味を活かしたいと、白とロゼワイン、シャンパーニュ製法のスパークリングワインと、地元余市の登地区のりんごを使ってシードルを造っています。野生酵母による自然発酵で可能な限り自然に逆らわない醸造を実践し、優しい味わいに仕上げています。

試飲をする醸造責任者の菅原由利子さん。

敷地内のショップ「バラッド オブ ヨイチ」

三笠市

Takizawa Winery
タキザワワイナリー

北海道三笠市川内841-24
☎ 01267-2-6755
http://www.takizawawinery.jp

シードル 2015

使用りんご
ジョナゴールド、
コックス・オレンジ・ピピン、
紅玉、つがる

すっきりとした辛口。ハーブ、オレンジのニュアンスがある繊細な味わい。

畑の開墾から始めて完成したワイナリーは、1階が醸造所、2階がショップになっている。

スイート ● ● ● ● ● ドライ
アルコール分8%、750ml、味わい：フレッシュ

コーヒーからワインへ転身、自然な醸造にこだわる

三笠の美しい風景の中に佇む滝沢ワイナリー。自家焙煎コーヒー店オーナーから転身し、57歳でワイナリーを始めたという滝沢信夫さん。「コーヒー豆は日本ではとれないけれど、ワインはぶどうから造れる」ことに魅力を感じ、2004年に三笠市に移住して畑を開墾するところから始め、2013年にワイナリーをオープンしました。

シードルは、長沼町の仲野農園の、ジョナゴールドやコックス・オレンジ・ピピン種を中心にブレンド。野生酵母によるアルコール発酵後に一度澱引きし、瓶内二次発酵で仕上げます。滝沢さんは、ワインもシードルもできるだけ自然な製法にこだわり、酵母は添加せず、果物が持っている自然の力だけで発酵させます。酸化防止剤は最低限に。1年ほど熟成させると味の変化が楽しめます。

ショップでは、テイスティング（有料）も。

増毛町

Mashike Fruits Winery
増毛フルーツワイナリー

北海道増毛郡増毛町暑寒沢184-2
☎0164-53-1668
http://www.mashike-winery.jp

札幌と留萌を結ぶ「日本海オロロンライン」沿いの果樹園地帯にある

増毛シードル 中口

使用りんご
ふじ、ハックナイン、やたか、北斗、紅将軍、昂林、スターキングデリシャス

しっかりとしたボディで奥行きのある味。

スイート ●—●—●—●—● ドライ
アルコール分4.5%、330ml、味わい：エレガント

祖母のりんご園を受け継いでシードル造りを

　水はけが良くミネラルたっぷりの土地、昼夜の寒暖差、日本海の潮風など果樹栽培に適した増毛。その果樹園帯の一角にあるワイナリーです。オーナーの堀井拓哉さんは、りんご農園だった祖母の土地を受け継ぎ、近隣の果樹園と連携しながらシードルを造っています。大学卒業後、留学先のカナダで農家のシードル造りを見て、これだと思ったそう。帰国後は北海道ワインで学び、海外の真似ではない、増毛ならではのシードルを目指しています。9～12月に収穫したりんごを2月まで追熟して糖度を上げ、余計なものを一切加えず、時間をかけて発酵させます。小さなタンクを使い、辛口、甘口、中口でブレンドを変えています。氷結製法によるデザートワイン「ポム・スクレ」や、洋なしの「ポワール」も好評です。自家栽培のりんごで醸造するフェルミエを目指し、栽培にも力を入れています。

← 増毛シードル 甘口
→ 増毛シードル 辛口

甘口は4種のりんご、辛口は5種のりんごをブレンド。アルコール分甘口3％、辛口6.5％

北見市

Okhotsk Orchard
オホーツク・オーチャード
（篠根果樹園）

オホーツク・オーチャード（株）
北海道北見市昭和213番地3
0157-25-5502
http://apple-shinone.com

旭りんごのシードル

使用りんご
旭

旭の酸味が活きたまろやかな辛口。乳酸菌のような香り、飲み始めと終わりで味の変化がある。

現在は委託醸造ですが、いずれは地元で醸造したいと語る篠根さん。

スイート ――●――●――●――●――● ドライ
アルコール分 5%、330ml、味わい：エレガント

マイナス20℃の厳寒に育つ「旭」りんごの濃厚な味わい

オホーツク地域の北見市、真冬はマイナス20℃を下回るという日本で最も寒冷な地域です。この地で、除草剤不使用、有機肥料主体、無袋でりんごを栽培しているのが篠根果樹園です。Uターンして果樹園を継いだ篠根克典さんは、2016年、自社栽培の「旭」100%のシードルを造り、話題となりました。旭は、英語名はマッキントッシュ、そう、アップル社のトレードマークでもあるりんごです。北見市では40年ほど前まで盛んに栽培していましたが、現在はりんご農家が激減、消滅寸前状態です。篠根さんは、産地復活をかけて、オホーツク・オーチャードを立ち上げ、旭のシードル造りに取り組み、クラウドファンディングも成功させました。野生酵母使用、無ろ過で造られるナチュラルなシードルは。北限のりんごの力強さ、滋味があふれるおいしさです。

旭りんご。甘酸っぱさ豊かな香りが特長。希少品種になってしまったが、その味のファンは多い。

七飯町

ななえ りんごわいん Sparkling

使用りんご
ジョナゴールド、ハックナイン、北斗、ほおずり

スイート ●─🍎─●─●─● ドライ
アルコール分8%、500ml、味わい：フレッシュ

Hakodate Wine
はこだてわいん

北海道亀田郡七飯町字上藤城11番地
☎ 0138-65-8115
http://www.hakodatewine.co.jp

西洋りんごの始まりの地で造られるスイートなシードル

七飯町は、日本における西洋りんご栽培の発祥地。いちごやハスカップなど数々のフルーツワインを手がける同ワイナリーが、「七飯産のりんごで地酒を」と造ったシードルです。特長は、醸すと味わいを増すという、新品種「ほおずり」（紅玉とふじの交配種）をブレンドしていること。そしてクラッシュホールド製法という、破砕したりんごを皮ごと果汁に浸し、香りを引き出してから搾汁する独自の製法にあります。

小樽市

北海道シードル

使用りんご
ハックナイン、ふじ（余市町産）

スイート ●─🍎─●─●─● ドライ
アルコール分5.5%、750ml、味わい：フレッシュ

Hokkaido Wine
北海道ワイン

北海道小樽市朝里川温泉1-130
☎ 0134-34-2181
http://www.hokkaidowine.com/
＊掲載商品は2017年12月現在完売。2018年7月より販売予定。

余市町の農家が丹精込めて育てたりんごで造るさわやかな味

道内に広大な直轄農場を持つ小樽のワイナリー。シードルは、北海道の果樹産地として全国に有名な余市産りんごを100%使用し、2016年に初リリースしました。太陽の恵みを十分に受けて育ったりんごの味わいを活かした、瑞々しい甘さとほどよい酸味のバランスがよい、さわやかなシードルです。

ワイナリーは見学や試飲ができ、限定ワインが楽しめるバーや地元食材のショップも併設されています。

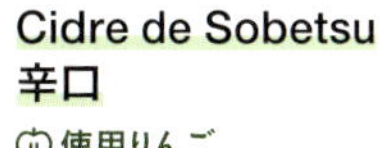

壮瞥町

Cidre de Sobetsu 辛口

使用りんご
ふじ、北斗、王林、紅玉、ジョナゴール、陸奥、ハックナイン

スイート ●—●—●—🍎—● ドライ
アルコール分6%、500ml、味わい：フレッシュ

Sobetsu Cidre
そうべつシードル

そうべつシードル造り実行委員会（壮瞥町商工会内）
北海道有珠郡壮瞥町滝之町286-56
☎ 0142-66-2151
http://www.sobetsu-shokokai.jp

研究開発を重ねて地元のりんごをお酒に

壮瞥町はりんごをはじめとする果物の生産地。町内の若手商工業者が中心とした「そうべつの未来を考える研究会」からシードルの研究開発が始まり、2015年、「そうべつシードル造り実行委員会」が設立されました、果樹農家、商工・観光関係者が共同で造り上げた町おこしシードルです。醸造は青森のタムラファーム。ドライとスイートがあり、それぞれりんごのフレッシュな味わいが活きています。

深川市

ふかがわシードル

使用りんご
つがる、ハックナイン、紅将軍、ふじなど

スイート ●—●—🍎—●—● ドライ
アルコール分5%、750ml、味わい：フレッシュ

Fukagawa Cidre
ふかがわシードル

北海道深川市音江町字音江589-28
☎ 0164-25-1900
（観光局）http://www.city.fukagawa.lg.jp/kankou/

日本酒の技法を使った低温醸造のシードル

原料はすべて深川産りんご。有名な焼酎「鍛高譚（たんたかたん）」などを手掛けた旭川市の醸造家、西和夫さんの指導のもと、アップルランド山の駅おとえ内の醸造所で造られています。深川市によるシードル造りは2009年から始まっていましたが、「ふかがわシードル」としてリリースされたのは2015年。清酒の「吟醸造り」の技術を応用し、極低温醸造で発酵させたさっぱりとした味わいが特徴です。

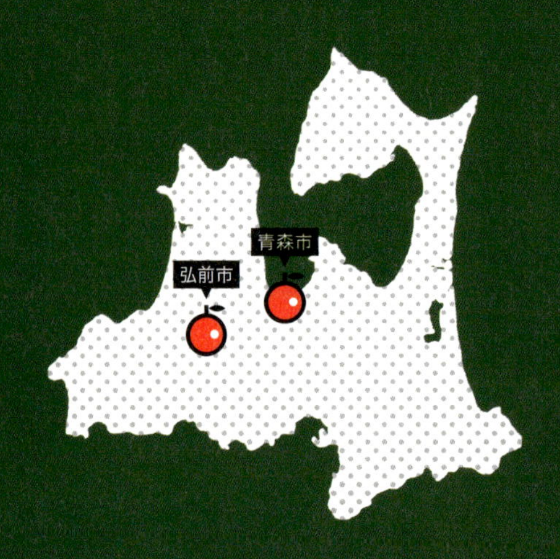

AOMORI

青森県

りんご王国の名にかけた クオリティの高いシードル造り

りんご生産量日本一を誇る、「りんご王国」青森。その栽培の歴史は、130年ほど前に遡り、明治初期に国から配布された３本の苗木を県庁内に植えたことが始まりとされています。寒冷地のためは稲作が難しかったことからりんご栽培が進められ、現在では日本だけではなく世界でも名だたる生産地として知られるようになりました。青森を代表する「ふじ」は、海外でも「Fuji」の名で栽培され、世界一生産量の多い品種になっています。たった３本の苗木から始まった青森県のりんご栽培が、現在では、その生産の中心地である弘前市に「アップルロード」と呼ばれる、りんご畑が連なるエリアが広がるほどまでになりました。春、りんごの花の季節には、一面に淡いピンク色が咲き乱れ、美しい景色が広がります。

そんな青森では、世界に誇るりんごの味わいを活かした、クオリティの高いシードル造りが行われています。海外でも高く評価された銘柄もあり、青森の底力を感じさせます。2017年は、弘前市に新たなシードル専門醸造所もオープンするなど、今後さらなる発信が期待できそうです。

青森市

A-FACTORY
エーファクトリー

⌂ 青森県青森市柳川1-4-2
☎017-752-1890
http://www.jre-abc.com/wp/afactory/

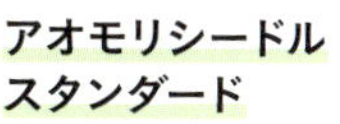

アオモリシードル スタンダード

使用りんご
ふじ、ジョナゴールド(青森県産)

青森県産のりんごだけを使い、低温でじっくり発酵。香りがよく、りんごの甘みと繊細な味わいがある

スイート ●―●―🍎―●―● ドライ
アルコール分5%、750ml (375、200mlあり)
味わい:フレッシュ

ウォーターフロントに立つ三角屋根は、次々に商品が生み出される「工場」をイメージ。

シードル醸造所を備えたマルシェで全国へ発信

JR 青森駅に隣接するウォーターフロントにある、三角屋根が目印のモダンな建物がA-FACTORYです。青森県産りんごをシードル、ジュースなどに加工する工房と、青森県産の食材や生産品を楽しめる市場があり、多くの人で賑わいます。「AOMORI CIDRE」はここで造られています。

青森県産業技術センター弘前地域研究所、六花酒造が協力して、「りんご王国青森」をより盛り上げようとシードルの研究開発に取り組みました。

工房内には8個の醸造貯酒タンクがあり、スイート、スタンダード、ドライ、ノンアルコールのアップルソーダ、季節限定のシードルやリキュールが造られています。りんごの個性を活かした、シードルは人気商品です。

ガラス越しにシードルの工房内を見ることができる。

弘前市

Nikka Cidre
ニッカシードル

⌂ニッカ弘前工場
青森県弘前市大字栄町2-1-1
☎ 0172-35-2511
http://www.asahibeer.co.jp/cidre/

ニッカシードル ドライ

使用りんご
ふじなど数種類

雑味のないすっきりとした飲み口。糖類、香料、着色料無添加で、りんごの風味を感じられる辛口

弘前工場。人による徹底した管理を行いながらシードルを醸造している。

スイート ●—●—●—●—● ドライ
アルコール分5%、720ml（200mlもあり）、味わい：カジュアル

国産シードルの夜明けから現代まで、常に前進

日本のシードルを語るうえで、重要な役割をしているのが、弘前の工場で造られているニッカシードルです。その歴史は60年以上前に遡ります。

弘前市内の造り酒屋・日本酒造（現在の吉井酒造）の吉井勇社長が欧米訪問時にシードルに着目。1954年、地元のりんごでシードルを製造する新会社「朝日シードル」が、朝日麦酒（現アサヒビール）の支援により設立されました。56年より販売を開始。その後、北海道・余市でウイスキーやりんごジュースを造り、りんご加工技術のノウハウを持っていたニッカウヰスキーの竹鶴政孝社長に、シードル事業が引き継がれ、ニッカウヰスキー弘前工場が作られたのです。

1972年に「ニッカシードル」発売。生食用りんごの特徴を活かして、日本人の味覚に合うシードルを研究し、1985年には現在のような非加熱のシードルを開発。88年から全国販売を開始しました。りんご本来の香りを十分引き出すことをコンセプトに、皮ご

弘前のシンボル、津軽富士を呼ばれる岩木山。

↑1956年に発売された日本初の国産シードル「朝日シードル」。

↓朝日シードル弘前工場の、歴史を感じさせる古い看板。

↑りんごの仕込みから、醸造、充填まですべてを弘前工場で行い、全国に出荷される。

と砕いたりんごを搾った香り高い生ジュースに、選りすぐった酵母を加え、4〜8度Cの低温域で発酵させて造る独自の製法を生み出します、よりおいしい日本のシードルを目指して、改良を続けつつ、現在に至っています。

商品のラインナップは、ベーシックなドライ、スイートのほか、季節限定の、紅玉やときを使ったシードル、新酒のヌーボースパークリングなども発売されています。1955年に発売されたロゼ（地域・期間限定販売）は、インターナショナル・シードル・チャレンジでたびたび賞を取るなど、ニッカシードルは、日本のシードル界を牽引し続けています。

その他、りんごポリフェノールなど、りんごの健康効果についても盛んに研究が行われており、ウェブサイトなどで発表しています。

ニッカシードル スイート

使用りんご
ふじなど数種類
アルコール分3%、
720ml（200mlもあり）、
味わい：カジュアル

りんごの甘さを残した、やや甘口。お酒が苦手な方にもおすすめ。

AOMORI 青森県

弘前市

Tamura Farm タムラファーム

⌂ 青森県弘前市青樹町 18-28
☎ 0172-88-3836
http://tamurafarm.jp

タムラシードル ブリュット

使用りんご
サンふじ、王林、
ジョナゴールド

上品でさわやかな辛口。食中酒としておすすめ。

スイート ●—●—🍎—●—● ドライ
アルコール分 9%、750ml、味わい：エレガント

社長の田村昌司さんと、営業部長の昌丈さん。家族で経営するアットホームな会社

自分の好きな味を求めて、自家醸造へ

タムラファームは、自家醸造も行うりんご農家。数々のシードルが、国際シードルメッセで連続して賞を獲得するなど、世界で高く評価されています。

社長の田村昌司さんは、りんごの流通業から脱サラし、1989 年、自身の農園を立ち上げました。そして 2013 年から、自社のりんごを使ったシードルの委託製造を開始。

「自分がお酒が好きなので、いつかシードルを造りたいと思っていました。いろいろ飲んでみて、京都の丹波ワインのシードルに出会った時に、これだと思い、醸造の相談をしたのです」

丹波ワイン側も、よりおいしいシードルのためのりんごを探していました。こうしてタッグを組んで開発を進め、「タムラシードル酵母」誕生。「タムラシードル」が完成しました。辛口の BRUT は、田村さんもいちおしの 1 本。キレがよく、和食にもよく合います。

2015 年には、自社工場での醸造も始め、シードル造りはますます本格化していきます。小さなタンクで発酵を

人気のアップルパイは 1 日 200 個限定。

↑ 畑に入ると、作業の手は止まらない。「木と会話しながら作業します」

↑ 国際シードルメッセで賞を受賞した、タムラシードル紅玉。

↑「自然主義」と掲げられたタムラファームの看板。

←↑ 辛口シードルは、青森名物のほたてや、「いがめんち」にもぴったり。

行い、さまざまな試行をしているとか。「自分のりんごだから、自由にいろいろ挑戦できるのがいいですね」

新鮮な完熟りんごのみを使用して造られるシードルは、味わい深く、りんごのおいしさにあふれています。

その他、ジャムなどの加工品も作っていますが、中でも手作りアップルパイが大人気。シードルに合わせると至福のおいしさです。

ファームには、ご子息の田村昌丈さんも営業部長として加わりました。2017年には新工場も設立され、新製法のシードル造りにも挑戦するそうです。

タムラシードル スイート/ドライ（自家醸造）

使用りんご
ふじ、王林、ジョナゴールド

国際シードルメッセで、ポムドール賞を受賞した自家醸造のシードル。アルコール分は辛口は6%、甘口は3%。

AOMORI
青森県

弘前市

kimori Cidre

弘前シードル工房 kimori

⌂ 青森県弘前市大字清水富田字寺沢52-3
☎ 0172-88-8936
http://kimori-cidre.com

りんごの木に囲まれた、かわいい三角屋根の白い建物がkimori。牧歌的な風景。

kimori シードル スイート

使用りんご
サンふじ

りんごの風味そのままに、優しい甘さが心地よい、人気のシードル。

スイート ●―●―●―●―● ドライ
アルコール分3%、750ml（375mlもあり）、味わい：フレッシュ

りんご畑をメディアとして、文化を発信

弘前市郊外にある、弘前市りんご公園。その一角のりんごの木々に囲まれた白い三角屋根の建物が、弘前シードル工房kimoriです。「キモリ」とは、りんごの収穫の際、感謝と翌年の豊作を願って、木にひとつだけ果実を残す「木守り」という風習に由来します。

代表の高橋哲史さんは、りんご農家。減っていくりんご農家の後継者問題をなんとかしたいと、シードルの醸造に乗り出しました。仲間と6年間準備をし、2014年オープン。単なる醸造所としてだけではなく、「青森のりんごを知ってもらう場、りんごを通して文化を伝える場」というコンセプトで、kimoriを運営しています。

「りんご畑に人を集めたい。そこにはおいしいお酒があるといい。シードルを造る理由はそれです。シードルは、りんご畑と人をつなぐもの」と、高橋さんは語ります。

年間を通じて展開している定番シードルはドライ、スイートの2種類。甘味と酸味のバランスがよい「サンふじ」を使います。酵母は、世界自然

定番の他に、季節限定のシードルも

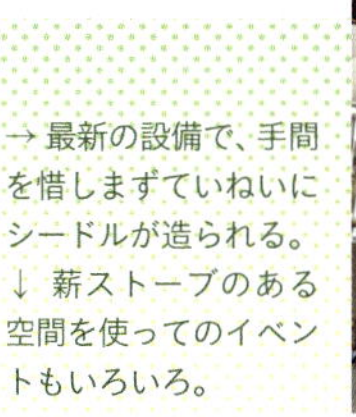

→ 最新の設備で、手間を惜しまずていねいにシードルが造られる。
↓ 薪ストーブのある空間を使ってのイベントもいろいろ。

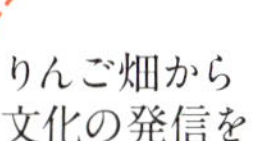

りんご畑から文化の発信を

↑ 高橋哲史さん。青森のりんご栽培の歴史と、その技術の高さについて熱く語ってくださった。
→ この日も、新聞社、パブのオーナーの若者が高橋さんを訪ねてきて、イベントの相談を。

遺産白神山地の樹木皮や腐葉土から採取・分離された「弘大白神酵母」。タンクを密閉して二次発酵させることで、優しい自然な炭酸が生まれ、無濾過なので、りんごの果実感にあふれています。定番のほか、初搾りの「ハーヴェスト」や青りんごの「グリーン」など、季節限定の商品も人気です。

kimoriでは、りんごの木の下での音楽会やヨガ、薪ストーブで焼きりんごづくりなど、さまざまなイベントを行ってきました。シードルを飲みながらの映画鑑賞会なども企画されています。

「りんご畑がメディア。りんごの産地にしかできないことをやりたい」と語る高橋さん。kimoriを通して、りんごを単なる農作物としてではなく、カルチャーとして捉えることができれば、関心を持つ若者も増え、後継者不足問題の解決になるのではと考えています。高橋さんの思いは、おいしいシードルとなって、多くの人に届いています。

kimori シードル ドライ

使用りんご
サンふじ
アルコール分6%、
750ml（375mlもあり）、
味わい：フレッシュ
さわやかな辛口。旨み、奥行きがあり、飲み飽きない。

弘前市

Fattoria Da Sasino
ファットリア・ダ・サスィーノ

オステリア エノテカ ダ・サスィーノ
青森県弘前市本町56-8
☎ 0172-33-8299　http://dasasino.com

弘前アポーワイン！

使用りんご
ジョナゴールド、シナノゴールド
しっかりとしたボディの微発泡、辛口。アルコール分も高く、飲みごたえあり。

見晴らしの良い丘の上にぶどう畑とワイナリー、レストランがある。

スイート ●—●—●—●—● ドライ
アルコール分11.5%、750ml、味わい：ワイルド

地産地消レストランが造るこだわりのシードル

「地産地消」を超える「自給自足」イタリアンとして、全国的に有名なレストラン、オステリア エノテカ ダ・サスィーノ。2003年にオープンして以来、野菜や果物、ハーブを初め、チーズや生ハム、ワインなどを作っているオーナーシェフの笹森通彰さんの工房(ファットリア)から生まれたシードルが「弘前アポーワイン！」です。2017年の東京シードルコレクションにも出展し、評判を呼びました。

「土地の料理と地酒の組み合わせは王道」と、笹森さんは2010年に醸造免許を取得し、ワイン造りに情熱を注いできました。シードル造りは2016年から。近隣農家のシナノゴールドとジョナゴールドをベースに、じっくりと発酵させた辛口です。無添加、無濾過で澱もしっかりあり、果実の風味をダイレクトに感じます。

「このシードルは、ホヤや塩辛など、ちょっとクセのある魚介に合います」と笹森さん。その土地に行って、料理と楽しみたいシードルです。

造り手の笹森通彰シェフ。東京シードルコレクションにて。

弘前市

弘前シードル GARUTSU

使用りんご
つがる

スイート ●—●—●—●—🍎 ドライ
アルコール分9%、750ml(375mlもあり)、味わい：エレガント

GARUTSU Daikancho Winery

GARUTSU 代官町醸造所

青森県弘前市代官町13-1
☎0172-55-6170
http://garutsu.co.jp

おしゃれなカフェバーの中に、醸造所が新オープン

店内に醸造所がオープン。新たなシードル発信を

2017年11月、人気のカフェバーの奥に醸造所が併設され、青森に新しいシードルメーカーが誕生しました。第1弾は、弘前産のつがるを使用したフレッシュな辛口をリリース。バーでドラフトを楽しめるのはもちろん、ボトルも12月より発売に。今後は、異なる品種のシードルやワインもリリース予定。

弘前市

テキカカ シードル

使用りんご
未成熟果

スイート ●—●—●—●—🍎 ドライ
アルコール分5%、330ml、味わい：フレッシュ

Moriyamaen

もりやま園

もりやま園テキカカシードル工場
青森県弘前市緑ヶ丘1-10-4
☎0172-78-3395
http://www.moriyamaen.com

2017年10月に完成したシードル工場。摘果りんごに新しい価値が。

減農薬栽培の摘果りんごでシードル造りに挑戦

2017年、もうひとつ、果樹園にオープンした醸造所があります。もりやま園の森山聡彦さんは、捨てられてしまう摘果を活かしたシードル造りを研究。酸味や渋みを活かしたシードルが完成しました。商品名のテキカカは摘果果。1本330mlに成熟果8個分のポリフェノールが含まれています。

NAGANO 長野県

銘柄数日本一。日本のシードル文化を牽引

長野県は青森に次ぐ、日本を代表するりんごの産地です。現在、シードルの生産者数、銘柄数は日本一。各エリアで、地元のりんごを活かした味わい豊かなシードルが造られています。国内で唯一、長野県原産地呼称管理制度をシードルにも適用し、信頼とクオリティの保持に力を注いでいます。

ワイン産地としても名高い長野県。現在20か所以上の醸造所でシードルが造られていますが、そのうち最も多いのがワイナリーのシードルです。農家の委託醸造も増え、またシードル専門の醸造所も新しくできるなど、それぞれが個性を競い合っています。長野県にシードル文化を根付かせ、発信していこうという気運も高く、イベントなども盛んに行われています。

2017年は飯田市で初の「長野シードルコレクション」が開催されました。また、イギリスのサイダー・ジャーナリスト、ビル・ブラッドショー氏を招待するなど、世界へ日本のシードル文化を発信する拠点ともなっています。

東御市

Rue de Vin
リュードヴァン

⌂長野県東御市祢津405
☎0268-71-5973
http://ruedevin.jp

シードル

使用りんご
ふじ(東御市産)
さわやかでコクがあり、どんな食事にも合わせられる洗練された辛口。

オーナーの愛車だった青いルノー、このブルーがワイナリーのシンボル。

アルコール分8%、750ml、味わい：エレガント

地元に根づいたシードル文化を

「リュードヴァン＝ワイン通り」という名のワイナリーは荒廃農地を開墾して、2010年に設立されました。オーナーで醸造家の小山英明さんは、電機メーカー勤務のかたわらワインの奥深い世界にひかれ、この道に入りました。フランスや山梨、安曇野のワイナリーで醸造技術者としての腕を鍛え、独立。目指すのは、「地域循環型のワイン文化」、地元の生活に根づいたワイナリーです。

小山さんにとってシードル造りは、ワイン同様大切な柱。ファンも多く、生産量も年々増えています。フランス式の瓶内二次発酵の製法にこだわりながら、東御市産のふじの特徴を最大限に活かす工夫をし、オリジナリティを追求しています。口に含むと、細やかな泡とふくよかな香り、優しい酸味が広がります。食事といっしょに楽しみたい洗練された味わいです。

ワイナリーに併設されたカフェは週末のオープン。季節に合わせて、ワインやシードルに合うメニューを楽しむことができます。

ブイヤベースとシードルを合わせて。

Villa d'Est Gardenfarm and Winery
ヴィラデスト ガーデンファーム アンド ワイナリー

長野県東御市和6027
0268-63-7373
http://www.villadest.com

シードル

使用りんご
ふじ

花のような香り。すっきりとした辛口ながら、奥行きがあり、飲み飽きないおいしさ。

見晴らしの良い丘の上にぶどう畑とワイナリー、レストラン、ギャラリーやショップもある。

スイート ―●―●―●―●―● ドライ
アルコール分6%、750ml、味わい：エレガント

シードルで乾杯！ をスタンダードに

エッセイスト、画家として有名な玉村豊男さんのワイナリー。標高850mの丘から見える美しい風景に魅了されて1991年にご夫妻で移住し、自ら飲みたいワインを造りたいと2004年にオープンしました。自社畑と長野県内で生産された原料を100%使用したワインは高く評価されています。

シードル作りはワイナリー立ち上げの2003年頃から続けられていて、ぶどうの収穫が十分でなかった頃に、地元のりんごを活かしたお酒を作ろうと考えたのが始まりです。

地元産のふじを中心としたりんごを使用し、フランス・ブルターニュ地方で学んだという製法に従って、瓶内二次発酵でゆっくりと醸造しています。きめ細やかな泡と複雑な香味は、ワインに負けない味わいです。

敷地内にあるカフェ＆レストランも人気で、穫りたての新鮮野菜や信州の食材を使ったランチがシードルやワインとともに楽しめます。ここでは「まずはシードルで乾杯」が定番なのだそうです。

信州豚のコンフィと手作りソーセージ
白いんげん豆と茸のトマト煮添え

東御市

ARC-EN-VIGNE
アルカンヴィーニュ

⌂長野県東御市和6667
☎0268-71-7082
http://jw-arc.co.jp

アルカンヴィーニュ シードル

使用りんご
ふじ(東御市、上田市産)
りんごの風味が生きた、すっきりした辛口。食前酒、食中酒にぴったり。

スイート ●—●—●—●—● ドライ
アルコール分8%、750ml、味わい：エレガント

正面入り口。ショップやテイスティングルームがある。

階下が工場になっていて、見学も可能。

文化としてのワイン、シードル造りを広める

前出のヴィラデストワイナリーが母体となって2015年に立ち上げられた、日本ワイン農業研究所JW-ARC(Japan Wine Agricultural Research Center)のワイナリーです。醸造される銘柄は、ヴィラデストワイナリーよりカジュアルで実験的。シードルは瓶内二次発酵による醸造で、ふじ100%を原料としたもののほか、地元のアプリコットやゆずをブレンドしたフレーバーシードルも人気です。

同研究所は「ワインのある食卓」の豊かさを次世代に伝えることを目指し、栽培や醸造に関する知識や技術、ワイナリー経営情報を提供する「千曲川ワインアカデミー」を開講しています。

アルカンヴィーニュ ゆずシードル

使用りんご
ふじ
アルコール8%、750ml
上田市産のふじに、南信の天龍村の特産品のゆずを加えて仕込んだシードル。ゆずとりんごが好相性。

アルカンヴィーニュ アプリコットシードル

使用りんご
ふじ
アルコール7%、750ml
上田市産のふじに、千曲市の特産品のあんずを加えて仕込んだシードル。あんずの甘酸っぱさが爽やか。

NAGANO
長野県

東御市

Hsumi Farm
はすみふぁーむ

長野県東御市祢津413
☎ 0268-64-5550
http://hasumifarm.com

はすみふぁーむ シードル

使用りんご
ふじ

優しい口当たりと、ドライな飲み心地を併せもつシードル。軽やかで食中にもおすすめ。

ワイナリーは、見学（要予約）や有料試飲も可能。週末はショップもオープン。

スイート ―――― ドライ
アルコール分8%、750ml、味わい：エレガント

りんごのフレッシュな味わいが活きたシードル

ドライですっと飲みやすく、キレのある、ワイナリーのシードル。色は少し濁ったやさしい黄金色です。東御市産ふじ100%のフルーティーさに、どこかスパイシーなニュアンスが心地よく、飲み飽きません。

オーナーで醸造家の蓮見よしあきさんは名古屋出身。10代でアメリカに留学し、大リーグの球団通訳の仕事をしつつ、カリフォルニアワインにはまってワイナリーに転職したというユニークな経歴を持ち主。帰国後は国内のワイナリーで経験を積んだ後、2005年に東御市へ移住しぶどう栽培を始めました。2011年には小ロットでも製造を行うことが可能な東御市のワイン特区制度を利用して、自家醸造をスタート。地元産のりんごでシードルの醸造を始めたのは2011年。今ではワインに勝るとも劣らないに人気です。

ワイナリーにはショップが併殺され、休日には試飲も可能。隣の上田市の旧北国街道柳町にはアンテナショップもあり、人気のスポットになっています。

上田市にある直営アンテナショップ＆カフェ。

軽井沢町

軽井沢アンシードル ドライ

使用りんご
紅玉、しなのスウィート

スイート ●—●—●—●—🍎 ドライ
アルコール分7%、375ml 、味わい：フレッシュ

Karuizawa ANNE CIDRE

軽井沢 アンシードル

株式会社プラスフォレスト
長野県北佐久郡軽井沢町長倉2350-177
☎080-3583-6963
http://cidre.ocnk.net

畑を荒廃させずに、地酒造りに生かす

2015年、小諸市で後継者のいないりんご畑、ぶどう畑を受け継ぎ、近隣の農家にアドバイスを受けながら栽培を始めたプロジェクト。2016年、ワインとシードルの醸造販売を始めました。醸造は信州まし野ワイン。小諸産の紅玉、しなのスウィートを50%ずつブレンドし、甘みと酸味のバランスのよいフレッシュなシードルを造りあげました。軽井沢や小諸の酒販店・飲食店で、ポピュラーな存在です。

立科町

たてしなップル シードル スペシャリテ ブリュット

使用りんご
ふじ

スイート ●—●—●—🍎—● ドライ
アルコール分8%、750ml、味わい：エレガント

Tateshinappuru

たてしなップル

長野県北佐久郡立科町牛鹿1616
☎0267-56-2640
http://tateshinapple.jp

気候風土に恵まれた立科の自然そのものの味

北に浅間山、南に蓼科山を頂く、標高700mの丘陵地にある立科町で、減農薬によるりんご栽培を行いながら、「立科の太陽と水と人にこだわる」という、カフェ&ワイナリーを開設しています。たてしなップル・シードルは、地元の完熟ふじの中から特に高糖度なものを撰果し、シャンパニュー製法で造られるシードルです。りんごの持ち味を最大に活かし、酸化防止剤無添加のナチュラルな味わいです。

立科町

Petite Pomme
プチ ポム

長野県北佐久郡立科町牛鹿 1215-2
☎ 0267-56-1104
http://petitepomme.jp

果肉が赤い
姫リンゴのシードル

使用りんご
メイポール、メイちゃんの瞳、ジェネバ、チビポール

ほどよい酸味がさわやか。華やかな席にぴったり。

スイート ●—●—●—●—● ドライ
アルコール分 5%、500ml、味わい：フレッシュ

珍しい品種の栽培をし、シードルのほか、さまざまな加工品を提案している。

姫りんごで造る赤色が美しいシードル

　なんて美しい赤。まずその色に驚かされます。立科産のさくらんぼのような姫りんご、果肉の赤いクラブアップルを使った珍しいシードルです。独自の技術で搾汁し、伊那ワイン工房（128ページ）に委託醸造しました。瓶内二次発酵による柔らかな発泡の辛口。酸味がしっかりとしていて、姫りんご独特の味と香りが楽しめます。

　プチポムは、クラブアップルのほか、幻のりんごといわれる、こうとくなど珍しいりんごを育て、独自の加工品を提案しています。2018 年は、幻のりんご「こうとく」100% のシードルを発売する予定です。

果肉が赤いりんごは、アントシアニンの効能に加え、ポリフェノールが一般のりんごの3～5倍だとか。

佐久穂町

SUDA Apple Farm りんごや SUDA

長野県南佐久郡佐久穂町畑1234-11
☎090-9144-4642
https://www.facebook.com/ringoya.suda/

代表の須田治男さん。実家のりんご園を継ぎ、シードル造りに情熱を注ぐ。

サクホ テロワール レ ポム ドゥ ムース　2015

使用りんご
紅玉、サンふじ、シナノゴールドほか9種

木製プレス機で搾汁、瓶内二次発酵で仕上げた、フルーティでコクのあるおいしさ。

スイート ●—●—●—●—● ドライ
アルコール分7%、750ml、味わい：エレガント

元ソムリエが造る農家のシードル

代表の須田治男さんは、横浜でソムリエの仕事に就いていました。実家のりんご農園を継ぐため佐久穂町に戻ったのは2008年。ソムリエの経験を家業に生かしたいと、自社のりんごでシードルを造りに取り組み、醸造を引き受けてくれたヴィラデストワイナリーとともに、2013年、エレガントなシードルを造り上げました。

りんごは紅玉、サンふじ、シナノゴールドを使用。きめ細かい泡に、うっすらとハーブや花のような香り、甘みと酸味がバランスのよい味わいです。りんごやSUDAの農園があるのは標高900mという高地の南斜面。昼夜の寒暖差が生む果実の力強い味わいが、シードルに閉じ込められています。

フランス語のネーミングは「佐久穂の気候風土を泡に閉じ込める」という意味。元ソムリエの目線で、地元の食材、佐久穂町産の生ハムや信州サーモン、川魚とのマリアージュを提案するなど、地元の食文化とともにあるシードルを目指しています。

自社畑の自慢のりんご。

飯綱町

St.Cousair Winery
サンクゼール・ワイナリー

⌂ 長野県上水内郡飯綱町芋川1260
☎ 026-253-8002
http://www.stcousair.co.jp

いいづなシードル

使用りんご
ふじ、ブラムリー

青りんご「ブラムリー」と「ふじ」をブレンドし、瓶内二次発酵で醸造。

スイート ・─●─・─・─・ ドライ
アルコール分5.5%、750ml、味わい：フレッシュ

ワイナリーへと続くアーチ型の入口。アンティークなぶどう圧搾機が置かれている。

長野の自然の恵みをシードルとともに

北信州最大のりんご生産地、飯綱町の小高い丘にあるサンクゼールは、ワイン造りを始めて約30年。3000坪という広大な敷地には、ショップ、レストラン、デリカテッセン、ブライダルのためのチャペルなども併設されています。美しい農園風景に溶け込むようなヨーロッパ建築もみごとです。

サンクゼールのシードルは、地元飯綱町のりんごを使い、製法はフランス式瓶内二次発酵で造られます。1990年に英国王立植物園から飯綱町に贈られたブラムリーにふじをブレンドした「いいづなシードル ブラムリー&ふじ」は、2017年日本で初めて行われたシードルの国際コンクール「フジ・シードル・チャレンジ」で銅賞を受賞しました。爽やかな酸味とフレッシュな香りが活きた、人気のシードルです。

また、和りんごの「高坂りんご」のシードル造りや、今後はりんごのブランデーも手がけるなど、常に新しいことに挑戦しています。5月にはシードルの新酒を楽しむイベント「いいづなシードルガーデン」も開催。芝生やガーデンで飲むシードルは格別のおいしさです。

りんごのブランデー用のドイツ製の蒸留器。

→レストランメニューより。「生ハムと野菜のサラダ」コッパ、ミラノサラミなどに地元の新鮮野菜を合わせ、有機レモンとオリーブオイルのドレッシングで。
↓「信州ポークの炭火焼」シードルと相性抜群の信州ポークをシンプルにグリル。刻みわさびを薬味に。

↑ ショップ内にあるワイン、シードルのテイスティングコーナー。

↓ 貴重な和りんご「高坂りんご」をブレンドして造られた「いいづなシードル ふじ・高坂りんご」。甘みと酸味のバランスがよく、奥深い味。

ボトリングして
二次発酵中

↑ ワイン、シードルの醸造を担当する野村京平さん。

KOSAKA APPLE

高坂りんご

一時絶滅の危機から、復活！

左「ふじ」と右「高坂りんご」。和りんごは小さな手のひらサイズ。

飯綱が誇る日本の和りんご

「高坂りんご」

（取材協力：いいづなアップルミュージアム）

現在、日本で栽培されているりんごの多くは「西洋りんご」です。原産地、中国・中央アジアからヨーロッパ、アメリカへと伝わるうちに改良された栽培種で、明治時代に農業の近代化とともにアメリカから輸入されたものです。その後独自に品種改され、おなじみの「つがる」や「ふじ」などの品種が誕生し、現在に至っています。

それ以前に、奈良時代に、原産地中国から朝鮮半島経由で伝わったとされる小さなりんごが日本にはありました。「和りんご」と呼ばれる直径3～4cmほどの粒の小さな野生種です。和りんごは、西洋りんごが導入されるまでは各地で栽培され、滋賀県彦根市の「彦根りんご」や長野県飯綱町の「高坂りんご」がよく知られ、特に「高坂りんご」は、江戸時代には名産品として善光寺で売られていた記述が残っています。

和りんごは西洋りんごの普及と共にほとんど姿を消してしまいました。高坂りんごは、栽培家の故米澤稔秋氏が、最後に残った1本の木から根分けした苗木2本を育成し、保存育成活動に努めました。飯綱町では、2005年にこの2本の樹を天然記念物に指定。2008年には皇居東御苑の古品種果樹園に植樹されました。

「伝統のりんごを絶やしてはいけない」と、現在は、高坂りんごは大切に栽培され、ジャムやシードルにも使われています。酸味と渋みがある野生種の味は、シードルの味に深みを与えています。高坂りんごは、飯綱町の歴史を伝え、地域の活性化に重要な存在です。

1 いいづなアップルミュージアムの庭にある「高坂りんご」の木。 2 いいづなアップルミュージアム。飯綱町のりんご栽培の歴史のほか、世界のりんごにまつわる物語や広告、ポスター本、レコードなど、“りんごづくし”の展示が興味深い。

いいづなアップルミュージアム　長野県上水内郡飯綱町大字倉井5番地　☎ 026-253-1071

飯綱町

Ichiriyama Farm
一里山農園

長野県上水内郡飯綱町倉井922
☎026-253-3762
http://www.sun-apple.com

小野久則さん(左)と司さん。生態系に配慮したりんご作りを実践。

いちりやまシードル 辛口

使用りんご
サンふじ

りんごの香り、うまみが活きている、ていねいに作られた辛口。アルコール分は高め。

スイート ●—●—●—●—● ドライ
アルコール分8%、750ml、味わい：エレガント

りんご作りからこだわる農家のシードル

10年以上前からシードル造りに取り組み、長野の農家のシードルの先駆け的存在です。醸造は、日本で初めてフランスの伝統的な瓶内二次発酵のシードル造りを行った小布施ワイナリーに委託しました。

口に広がる優しい香り、すっきりとしたキレのよさ、雑味のない辛口のシードルは、和食にもぜひ合わせてみたい1本です。りんごの風味が活きた口当たりのよい甘口は、アペリティフや疲れた日の一杯に最適です。

一里山農園は、本書の監修者、日本シードルマスター協会の小野司さんのご実家。化学薬品を極力使わず、有機肥料による栽培、受粉のために日本ミツバチを飼うなど、生態系に配慮した栽培を行っています。司さんは「地元のおいしいりんごをもっと活かしたい、農業を活性化させて、次代の新しいモデルケースを作りたい」と、今後はUターンして、醸造所を始める予定です。

いちりやまシードル やや甘口

使用りんご
サンふじ
アルコール分7%　750ml

自然の甘さが心地よい、ホッとする味わい。デザートに合わせても。

飯綱町

Norah-norah Farm
のらのらファーム

長野県上水内郡飯綱町袖之山310
https://www.facebook.com/NorahResort/

Cidre la Norah（シードル ラ ノラ）

使用りんご
シナノスイート、紅玉

甘味、酸味のバランスのよい辛口。幅広い料理に合う。

スイート ●—●—●—●—● ドライ
アルコール分8%、750ml、味わい：エレガント

りんご畑に立つ高野珠美さん。栽培のノウハウはゼロから学んだ。

女性ならではの感性で造る繊細なシードル

ご主人の実家のりんご畑を引き継ぎ、シードル造りに情熱を注いでいるのが、のらのらファームの高野珠美さん。古民家を改装した農家民宿も、ひとりで切り盛りするパワフルウーマンです。

シードルを造り始めて2年。「まだまだ模索状態です」と笑う高野さんは、まったく異なる世界からの転身で、ゼロから栽培や醸造知識を学びました。自ら育てたシナノスイートをアルカンヴィーニュに委託醸造し、香り高いシードル「ラ ノラ」が誕生。花のような香りと、はちみつを感じるほんのりした甘さが上品な味わいです。メキシコなどでの海外生活が長く、各国料理が得意という高野さんが、食事に合うシードルを目指したという1本は、スパイスの効いたエスニック料理などにも幅広く合いそうです。農家民宿は海外のお客様も多く、自作の料理とともに出す「ラ ノラ」はとても評判が良いそう。いずれはアップルブランデーや他の果実酒も挑戦したいという高野さん。注目したい生産者です。

りんごの木の下でのシードルパーティ。

中野市

シードル
スイート or ドライ
使用りんご　サンふじ

スイート ●—●—●—●—● ドライ
アルコール分8%、750ml、味わい：エレガント

Takayashiro Farm & Winery
たかやしろファーム & ワイナリー

長野県中野市竹原1609-7
☎ 0269-24-7650
http://www.takayashirofarm.com

農家が集まって醸造する新しいスタイル

　地元では「たかやしろ」の通称で親しまれている高社山の南麓に、果樹栽培を専門とする地元の農家4軒が出資して2004年に設立されたワイナリーです。標高約400mの地にある約6ヘクタールの自社畑で、ワイン用ぶどうを栽培。ぶどうやりんごなどの果樹も栽培し、加工から販売までトータルなアグリビジネスを展開しています。サンふじを使ったシードルは、瓶内二次発酵による醸造。微発泡の優しい味わいです。

須坂市

りんご名人
使用りんご
ふじ（須坂日滝原産）

スイート ●—●—●—●—● ドライ
アルコール分9%、750ml、味わい：エレガント

Kusunoki Winery
楠ワイナリー

長野県須坂市亀倉123-1
☎ 026-214-8568
http://www.kusunoki-winery.com

日滝原産のふじにこだわった芳醇な辛口

　2004年に新規就農して、ぶどう栽培、ワイン、シードル醸造に取り組んできたワイナリーです。シードルは、須坂の日滝原産のふじを使い、瓶内二次発酵、地下室で2年瓶熟という本格派。さっぱりした味わいが多い国産シードルの中で、芳醇で複雑な味わいが楽しめる1本です。アルコール分は9%と高めの辛口。底に澱がありますが、その風味を楽しむ多くのファンをもつシードルです。

長野市

発酵シードル

使用りんご
ふじ、グラニースミス、ゴールデンラセット

スイート ●—●—●—●—● ドライ
アルコール分9%、750ml、味わい：フレッシュ

Haniuda apple farm 羽生田果樹園

(株)はねげん
長野県長野市真島町川合5
☎ 026-284-2121
http://haniuda-apple.ocnk.net

健康なりんごが滋味あふれるシードルに

明治41年から続くりんご農園。長野県のふじの母樹があり、樹齢54年の老木が今も現役で実をつけているそうです。20年前から有機肥料、減農薬栽培に切り替え、大切に育てたふじ、グラニースミスなどをブレンドし、瓶内二次発酵で造るシードルはりんごの風味があふれるおいしさ。余談ですが、同園のドライフルーツも絶品。辛口シードルにほんのり甘い「天日干しりんご」が、おつまみにぴったりです。

長野市

積善（せきぜん）シードル からくち

使用りんご
紅玉（長野産）

スイート ●—●—●—●—● ドライ
アルコール分8%、750ml、味わい：エレガント

Nishi-Iida Syuzouten 西飯田酒造店

長野県長野市篠ノ井小松原1726番地
☎ 026-292-2047
http://w2.avis.ne.jp/~nishiida/index.html

花酵母を使って醸す華やかな香りと味

創業江戸末期の老舗蔵元が作るシードルは、地元の玉井りんご園のりんごを使用し、さまざまな花酵母を使って醸造したという個性的な味です。花酵母は東京農大との連携により、花から酵母を分離して生まれたもの。発酵能力に優れ、香りを華やかに際立たせ、ふくよかな味わいになります。日本酒、ワインにも使われます。辛口、甘口とも流通量が少なく、地元のみでしか出会えないかもしれません。

大町市・小諸市

Son of the Smith HARD CIDER
サノバスミスハードサイダー

長野県大町市常盤4748-1
☎ 0261-22-2911
https://www.facebook.com/FarEastCiderAssociation/

ポートランドへ研修に行った時の様子。アメリカのハードサイダー文化がお手本。

Son of the Smith (サノバスミス)

使用りんご
グラニースミス、
アメリカ原産サイダー専用品種

青りんごの香りと酸味が際立つ、さわやかなのどごし。シーンを選ばず飲め、食事にも合う。

スイート ―――――― ドライ
アルコール分6.5%、330ml、味わい：フレッシュ

りんご農家の若者が造るグラニースミスのサイダー

シードルではなく、あえてサイダー。小諸市と大町市の２軒のりんご専業農家の若者が、アメリカのハードサイダー文化に魅了されて造った、注目のサイダーです。独自の研究を重ね、ノーザンアルプスヴィンヤードに委託醸造し、2017年に初リリースしました。

代表の大町市のりんご農家四代目の小澤浩太さんは、ポートランドでのハードサイダー研修でその生産者たちに出会い、「りんごとハードサイダーが、文化として根付いている日常に衝撃を受けた」と言います。そんな土壌を日本で作りたいと、仲間の小諸市のりんご農家、宮嶋伸光・優作さん兄弟とともに、サイダー造りに取り組み始めました。りんごの組み合わせから試行錯誤し、国外の醸造家とのコミュニケーションを経て、完成したのが、酸度の高いグラニースミスと、アメリカ原産のサイダー専用品種を使った「SON OF THE SMITH（＝グラニースミスの息子）サノバスミス」です。国産サイダーの可能性を感じる１本です。

研究を重ねて完成した自信作。

大町市

クラフトシードル

使用りんご
大町産りんご、
多品種ブレンド

スイート ●—●—●—●—● ドライ
アルコール分5%、750ml、味わい：エレガント

Nothern Alps Vineyard
ノーザンアルプスヴィンヤード

長野県大町市大町5829
☎ 0261-22-2564
http://navineyards.lolipop.jp/

近隣のりんご農家と連携したシードル造り

「北アルプスのぶどう畑」という名の、若手醸造家・若林政起さんのワイナリー。ぶどう栽培から醸造まで一貫して行っています。前出の「サノバスミス」を醸造していますが、小澤果樹園のりんごを使って自社シードルとして作っているのが、このクラフトシードルです。瓶内二次発酵の際に酵母を追加せず、じっくりと半年かけて醸造。ドライで優しく、すっと体に入ってくるおいしさです。

安曇野市

Lulubell Cidre（ルルベル シードル）

使用りんご
安曇野産りんご

スイート ●—●—●—●—● ドライ
アルコール分8%、750ml、、味わい：フレッシュ

Fukugen Sake brewing
福源酒造

長野県北安曇郡池田町池田2100
☎ 0261-62-2210
http://www.sake-fukugen.com

ゆっくりと瓶内発酵で醸す深みのある味

1758年創業の老舗酒蔵が、信州産りんごの果汁をすっきりとドライなシードルに仕上げました。メトード・リュラル方式の自然発酵で醸造します。瓶内で発酵させるので、サイズで味が異なり、750mlはすっきりきれいな味わい、330mlは出始めのりんごを使うことで、フレッシュ感が活きています。果肉を加えた製法で造る、ルルベルシードル・ナチュレは、より深みのある味わい。ぜひ飲み比べてみてください。

安曇野市

オビナタシードル

使用りんご
サンふじ

スイート ●―●―●―●―● ドライ
アルコール分8%、750ml、味わい：エレガント

Obinata Apple Farm
帯刀りんご農園

長野県安曇野市三郷小倉5289
☎ 0263-77-3531
https://www.facebook.com/obinatacidre/

キュートなエチケットに りんごへの愛を込めて

愛らしいイラストのエチケットが目を引くシードル。四代続く老舗りんご農家出身で、長年ソムリエの仕事をしていた帯刀あかねさんが「実家のりんごでシードルを」という夢を叶えた1本。ふじ100%、醸造はリュードヴァンに委託し、2015年に初リリース。甘みと酸味のバランスが取れたフレッシュなシードルに仕上がっています。今後は、西洋梨をブレンドするなど新しい挑戦も考えているとのこと。

マディアップル ドライ

使用りんご
長野県産ふじ・ノーザンアルプスヴィンヤード醸造

スイート ●―●―●―●―● ドライ
アルコール分7%、750ml、味わい：エレガント

ADECA

アデカ

千葉県柏市北柏3-5-5
☎ 04-7165-1234
http://www.adeca.co.jp

日本ワインのネゴシアンが造る、プライベートブランド

農家、生産者、流通業者、消費者をつなぎ、日本ワインのネゴシアン（卸商）を目指すアデカのディレクションによるシードル「マディアップル」。味わいによって、産地の異なるりんご、醸造者で造るというユニークな商品です。辛口の「マディアップル ドライ」は長野のノーザンアルプスヴィンヤードで醸造したもので、「フジ・シードル・チャレンジ2017」で銅賞を受賞しました。瓶内二次発酵によるにごりと、豊かな香りを楽しめます。やや甘口の「マディアップル セミスイート」は、青森県の弘前シードル工房kimoriで醸造。ジャムのような優しい甘さとキレの良さがあります。

マディアップル セミスイート

使用りんご
青森産ふじ、ジョナゴールド
弘前シードル工房kimori醸造
アルコール分3%、750ml、
味わい：フレッシュ

安曇野市

紅玉シードル

使用りんご
紅玉（長和町産）

スイート ―●―●―●―●―●― ドライ
アルコール分10%、750ml、味わい：リッチ

Azumino Winery
安曇野ワイナリー

長野県安曇野市三郷小倉6687-5
0263-77-7700
http://www.ch-azumino.com

安曇野のワイナリーが造る さわやかな紅玉のシードル

長野県のほぼ中央、北アルプスを西に望む名勝地、安曇野に2008年にオープンしたワイナリー。広い敷地内に、ぶどう畑と醸造所、カフェ、自社製品に加え長野県の特産品を揃えたショップなどがあります。

シードルは、隣接する長和町の農園「農夫と農婦」の二代目、山崎努さん夫妻が栽培する紅玉を原料としたもの。やや甘口で、紅玉のさわやかな酸味と香りが活きています。

松本市

ハギーシードル

使用りんご
ふじ

スイート ―●―●―●―●―●― ドライ
アルコール分7%、330、750ml、味わい：エレガント

Huggy Wine
大和葡萄酒 四賀ワイナリー

長野県松本市反町640-1
0263-64-4255
http://www.yamatowine.com

スパークリングワインのような さわやかでキレのよい飲み口

山梨に本社をもち、松本市四賀の山間にワイナリーを構える大和葡萄酒は、1913年創業。2012年に製品を「ハギーワイン」というブランド名に変更しました。醸造家·萩原保樹さんのもと、「世界品質のワイン造り」を目指し、さまざまな種類を手がけています。

スパークリングワインを得意とする同社のシードルは、地元産のふじのうまみを活かし、苦みを抑え、きりっとさわやかな中辛口に仕上げています。

山形村

ふじシードルドライ

使用りんご
ふじ（山形村産）

スイート ●—●—●—●—● ドライ
アルコール分8%、750ml、味わい：フレッシュ

Taike Winery
大池ワイナリー

長野県東筑摩郡山形村2551-1
☎ 0263-55-6100
http://www.go.tvm.ne.jp/~taike_winery_y/

地元を元気にする おいしいシードル造り

2015年に誕生した新進ワイナリー。社長の藤沢啓太さんが伯父から任されたヤマソービニオンを、近隣のワイナリーに委託してワインにしたことが始まりでした。地域をワインで元気にしたいと自社醸造に取り組み、シードルは2015年11月の地元の「山形新蕎麦祭り」で初披露。現在はふじを使った辛口、甘口、極甘口のほか、つがるやメイポールを使ったものなど6種類のシードルを造っています。

塩尻市

信濃シードル
林檎六重奏 発泡性
瓶内二次発酵にごり DRY

使用りんご
地元りんご6種

スイート ●—●—●—●—● ドライ
アルコール分7%、720ml、味わい：フレッシュ

Shinano Wine
信濃ワイン

長野県塩尻市大字洗馬太田783
☎ 0263-52-2581
http://www.sinanowine.co.jp

6種の地元産りんごを ブレンドした味のハーモニー

1916年、初代が塩尻桔梗ヶ原の農園にぶどう（コンコード）を植え付け栽培することから始まった老舗ワイナリー。シードルは、6種類の地元産りんご、サンふじ、王林、秋映、紅玉、シナノスイート、シナノゴールドの持ち味を活かしてブレンドし、瓶内二次発酵で仕上げられました。地元産りんごのそれぞれの良さ特徴を生かし造られます。香りが高く、口に含むとさわやかな酸味が広がります。

伊那市

Ina Winery
伊那ワイン工房

⌂長野県伊那市美篶5795
☎0265-98-6728
http://inawine.net

村田純さん、由佳利さんご夫妻。

元病院の建物をリノベーションした工房。

紅玉シードル

使用りんご
紅玉（佐久平産）
酸味が活きたフレッシュでコクのあるシードル。

スイート ●—●—●—●—● ドライ
アルコール分7%、375ml、味わい：エレガント

常に新しい試みに挑戦するワイナリー

伊那谷の国道沿いにある小さなワイナリー。長年ワイン醸造を手掛け、信州まし野ワインから独立した村田純さんが奥様と二人で営んでいます。畑は持たず、村田さんひとりで醸造する、まるで研究室のようなワイナリーです。建物は元病院をリノベーションしました。造られるシードルは、種類も多く、毎年表情を変え、村田さんが醸造を心底楽しんでいることがうかがえます。

看板商品の「紅玉シードル」は、紅玉100%。瓶内二次発酵で最後まで発酵させた辛口で、心地よい酸味が際立っています。「冬に瓶詰めして夏を超えると、おいしく変化する」と村田さん。スティルタイプの「紅玉りんごワイン」や、2016年は早生種のシナノレッドで造った「夏りんごのワイン」も好評だったそうです。次季のラインナップがとても楽しみです。

← 紅玉りんごワイン（スティルタイプ）
酸味のなかにあふれる滋味豊かな味わい。

→ ゴールデンシードル
黄色いりんご、シナノゴールド使用。

伊那市

ASTTAL Cidre Club
アスタル シードルクラブ

アスタルプロジェクト事務局
長野県伊那市坂下3312-1
☎080-5146-4599
http://asttal.com

ASTTAL シードル fuji
使用りんご
ふじ
味わい：フレッシュ

ASTTAL シードル 20Blend
使用りんご
伊那産りんご20種類
味わい：ワイルド

リリースイベント「シードル　ヌーヴォー」で、渡邉シェフ自慢のガレットと。

スイート ─●─●─●─●─● ドライ
(共通) アルコール分7%、750ml

「伊那で実り、伊那で醸し、伊那で味わう」シードル

「山と街をつなぐ（A Step To The ALPS）」をコンセプトに、伊那市の農家、ワイナリー、飲食店が手を組んだシードルプロジェクト。オリジナルシードルを、2015年初リリースしました。

クラブの代表で、地元飲食店のシェフ、渡邉竜朗さんは、偶然知った地元のりんごの古木の畑に惚れ込み、「伊那谷の豊かさをシードルで伝えたい」とプロジェクトをスタート。醸造は伊那ワイン工房に委託しました。「20Blend」は、20品種のりんごをブレンド、「fuji」は、ふじ単一品種で、シャンパーニュ製法で6か月かけて発酵させ、無濾過で仕上げます。手間と時間をかけた「スロー シードル」です。

リリース時には、「シードル　ヌーヴォー」イベントを開催。近隣の醸造所のシードルやクラブメンバーの飲食店の料理を野外のテーブルで楽しみながら、伊那谷の恵みを分かち合いました。

伊那谷にあるりんごの古木の畑。

伊那市

Kamoshika Cidre
カモシカ シードル醸造所

⌂長野県伊那市横山10955-14
☎ 0265-73-0580
https://kamoshikacidre.jp

Brut- 辛口
La 2e saison 2016

使用りんご
シナノスイート、紅玉

二番目の秋が深まる頃のシードル。紅玉の酸味がすっきり。

スイート ●—●—●—●—● ドライ
アルコール分8%、750ml、味わい：エレガント

山小屋風の建物内に、醸造設備、試飲、販売スペースがある。インテリアもしゃれている。

世界に評価された伊那産りんごのシードル

2016年にオープンしたばかりのシードル専門の醸造所ですが、大きなニュースがありました。日本で初めて行われた国際的なシードル審査会「フジ・シードル・チャレンジ2017」で、同醸造所の「La 2e saison（ドゥージィエム・セゾン）甘口」が国産で唯一金賞を受賞したのです。「シードル醸造のことばかり考えてきたので、心から嬉しい」と話す所長の入倉浩平さんは、異業種から参入。いちから醸造を学び、大池ワイナリーで修行を摘みました。

りんごは地元横山産のものと自家栽培ものをブレンド。自社農園では、シードル専用の苦味の強い品種などを主に作っています。りんごの収穫時期（saison＝セゾン）によって、3回に分けてシードルを仕込んでいて、初秋＝1e、中秋＝2e、晩秋＝3eと、エチケットに記されています。それぞれのセゾンの風味の違いが楽しめます。また、信州大学が開発した赤果肉のりんご、ハニールージュを使ったロゼを醸造するなど、研究に余念がありません。

シードルを熱く語る、所長の入倉浩平さん。

←金賞を獲った「La 2e saison 甘口」（左）と、「La 3e saison 辛口」（右）は銀賞を受賞。もちろん完売。

→入倉さん常備のシードルのおつまみは、フランス産ミニトーストとレバーパテの缶詰、オリーブ。近所の「酒のなかきや」で購入。

↑ 掲げられた看板にはカモシカが。

毎日が新たな挑戦と実験！

醸造所内。機材はアメリカなどから輸入した。卵型のタンクは発酵に適しているそう。

NAGANO
長野県

松川町

Goutte de soleil（太陽の雫）

使用りんご
松川町産ふじ、王林、紅玉など

スイート ●―●―●―●―● ドライ
アルコール分7.5～8%、750ml、味わい：エレガント

Ringoya TAKEMURA
りんご屋たけむら

長野県下伊那郡 松川町大島3306-1
☎ 0265-36-4191
https://www.ringoya-takemura.com

りんごのハーモニーが生むまろやかな味

標高720m、南アルプスが一望できるりんご畑で栽培された数種類のりんごを使い、地元ワイナリーでていねいに醸造された、すっきりとした辛口のシードルです。香りが良く、糖度の高いりんごから造られる柔らかな炭酸は、さまざまな食材と合います。農園直売所や地元酒販店で購入可能。直売所では、シードルアンバサダーとポムドリエゾンの資格を持つ店主から、りんごや醸造の話を聞くことができます。

松川町

Marry.

使用りんご
ふじ、ピンクレディー®、王林、ルレクチェ、ぐんま名月

スイート ●―●―●―●―● ドライ
アルコール分7%、750ml、味わい：フレッシュ

Matsukawa Applewine Cidre Promotion Group
南信州まつかわりんごワイン・シードル振興会

長野県下伊那郡松川町大島
☎ 090-8773-6044

松川とりんごとシードルを町ぐるみでアピール

南信州まつかわ りんごワイン・シードル振興会は、南信州、松川町の地元産りんごを使い、りんごワインとシードルを委託醸造。加盟6農園の各農園直売所や地元酒販店で販売し、町ぐるみでシードルを盛り上げています。

2016年に振興会共通ブランドシードルとして販売されたのが、「Marry.」。信州まし野ワインが醸造し、香り高く、さわやかな辛口のシードルに仕上がっています。

松川町

Mashino Winery
信州
まし野ワイン

⌂ 長野県下伊那郡松川町大島3272
☎0265-36-3013
http://mashinowine.shop-pro.jp

ピオニエ　シードル

使用りんご
20種類以上のりんごと
1種類の洋梨

りんごそれぞれの特性を活かした、深みのある味わい。微発泡。

スイート ●—●—●—●—🍎 ドライ
アルコール分7%、750ml、味わい：エレガント

ワイナリー外観。ワインやシードルの試飲や購入ができるショップがある。

南信州のシードル醸造を担うパイオニア

信州まし野ワインは、りんご農家の加工組合を母体に1991年に設立されました。りんごや梨、ヤマブドウなどバラエティ豊かな果物から、ワイン、シードル、ジュースを製造しています。南信州のシードル醸造の先駆者的存在で、個性的なシードルを造っています。

なんと20品種 以上のりんごを使った「Pioneir ＝ピオニエ」は、フランス語で、パイオニア（開拓者）という意味。その名の通り、すべて自社畑のりんごによる、「攻め」のシードルです。早生と晩生種で2回混醸し、最後にブレンドして二次発酵をしているそうです。しっかりと発酵させた辛口で、複雑なうまみがあります。こだわったのは「ほのかな苦味」。洋なしのルレクチェがりんごとは異なる苦味を生むとか。酸味もほどよく、食中酒としても楽しめます。その他、紅玉で作ったワインもおすすめです。

紅玉ワイン

使用りんご
紅玉
アルコール分10%、720ml、
味わい：フレッシュ

紅玉特有のきれ良い酸味が心地よい、やや辛口のスティルワイン。スイーツに合わせても美味。

豊丘村

ラ・コリーナ

使用りんご
グラニースミス、紅玉、
トキ、シナノドルチェ

スイート ●—●—●—●—● ドライ
アルコール分7%、750ml、味わい：フレッシュ

Hara Farm

丘の上ファーム原農園

長野県下伊那郡豊丘村神稲4502-2
☎ 0265-35-4098
http://www.harafarm.com

＊ 掲載商品は2017年12月現在完売。2018年7月頃より販売。

丘に実る完熟りんごのおいしさをブレンド

南信州の豊丘村、河岸段丘の上で減農薬栽培に取り組み、自社農園のりんごでシードルを造っています。2017年ものは、グラニースミス、紅玉、トキ、シナノドルチェの4品種を完熟の状態で収穫したものを醸造し、こだわりのブレンドで瓶詰め。瓶内二次発酵で仕上げています。「La collina＝ラ コリーナ」とはイタリア語で「豊かな丘」という意味。その名の通り、丘に実る熟したりんごのおいしさを味わえます。

飯田市

POSH（ポッシュ）

使用りんご
ふじ、しなのゴールドほか

スイート ●—●—●—●—● ドライ
アルコール分8%、750ml、味わい：フレッシュ

Inadani Cloud

伊那谷クラウド

伊那谷クラウド合同会社
長野県鼎中平2544-1
☎ 070-1554-2545
http://inadani-cloud.com/

地元の農業を盛り上げるシードルプロジェクト

南信州の農産物を活かした地酒を作ろうと、5軒の酒屋が共同で開発を行うという新しいスタイルの伊那谷クラウド合同会社。同社と、国際りんご・シードル振興会、そして地元のりんご農家の連携企画から2014年に誕生した、「りんごの雫 POSH＝ポッシュ」。地元飯田産のふじとしなのゴールドを中心に、長野県産のりんごを使用して瓶内二次発酵で醸造されています。

飯田市

Kikusui Sake Brewing
喜久水酒造

長野県飯田市鼎切石4293
0265-22-2300
http://kikusuisake.co.jp

Kikusui Cidre スタンダード

使用りんご
ふじ、シナノゴールド、紅玉、秋映、シナノスイート

華やかな香りと、すっきりとしたキレ。ほのかな甘みがあり飲みやすい。

スイート ━━●━━ ドライ
アルコール分6%、750ml、味わい：カジュアル

酒造の見学はできないが、併設のショールーム「翠嶂館」で、酒造工程のVTRなどが見られる。

老舗酒造が手がけるカジュアルなシードル

南信州を代表する酒蔵、喜久水酒造。採りたての地元産りんご100％を使った、仕込みにこだわったシードルを造っています。日本酒の老舗蔵元がシードル造りを始めたのは、地元のりんごをお酒にすることで、農業を活性化し、新たな文化を発信したいという思いからでした。喜久水酒造の営業部長の後藤高一氏は、国際りんご・シードル振興会の理事長でもあり、シードルの普及に努めています。

製法は、カーボネーション方式。澱引きによるクリアな味わいと、発酵度合いに応じて甘さのバリエーションを可能にしています。飲みきりサイズもあり、気軽に飲むことができます。

Kikusui Cidre ドライ

使用りんご
ふじ、シナノゴールド、紅玉、秋映、シナノスイート
アルコール分8%、300ml、味わい：カジュアル

さっぱりさわやかな辛口。和食、エスニックなどどんな料理にも合わせやすい。

Kikusui Cidre スイート

使用りんご
ふじ、シナノゴールド、紅玉、秋映、シナノスイート
アルコール分6%、300ml、味わい：カジュアル

さわやかな甘さと、ほのかな酸味。アルコール度数も低く、お酒の苦手な方にもおすすめ。

下條村

Farm & Cidery KANESHIGE

ファーム&サイダリーカネシゲ

㈱道
長野件下伊那郡下条村睦沢7047
☎0260-27-1250
http://ringo-juice.com

ファーマーズ クラフト サイダー

使用りんご
サンふじ

りんごの香り、渋みがしっかりと感じられ、飲みごたえがあり。

若い農業家が集まって造った、新しいスタイルのサイダリー。

スイート ●—●—●—●—● ドライ
アルコール分7%、750ml、味わい：フレッシュ

自家栽培、自家醸造の農家サイダリー

アメリカのハードサイダーのスタイルを目指す、長野初の自家栽培、自家搾汁、自家醸造の農家サイダリーです。運営をする櫻井隼人さんと古田康尋さんは、高校時代の同級生。10～30代の新規若手就農者4名が、りんご栽培、サイダー造りに情熱を傾けています。

酒造免許を取得したのは2016年12月。2017年5月に「ファーマーズ　クラフトサイダー」を初リリースしました。りんごは、土からこだわり、農薬は必要最小限度の減農薬栽培、有機肥料を使用した農法で栽培します。樹上で完熟させた果実を、贅沢に搾汁して醸造したサイダーは、ドライでさわやか。ごくごく飲めるタイプです。。

コンセプトは「ガレージサイダリー」。あくまでもかっこよく、環境に配慮した方法で、楽しいお酒を造り続ける、そんな思いが込められています。

さまざまなイベントにも積極的に出展。

松川町

Fruits Garden Kitazawa
フルーツ ガーデン北沢

⌂ 長野県下伊那郡松川町大島3347
☎ 0265-36-2534
http://fgkita.com

Pommier　ポミエ

使用りんご
ふじ、ピンクレディー®、王林、はるか
アルコール分7%、750ml、
味わい：フレッシュ

「りんごの樹」という名の 香り高く、まろやかな1本

Pommier＝ポミエは、フランス語でりんごの樹。「南信州まつかわ りんごワイン・シードル振興会」会長の農園のシードルです。自家栽培のりんごを4種類ブレンドして贅沢に造られています。ドライな飲み口とさわやかな香り、まろやかな酸味が特徴です。シードルの他、りんごワインも造っています。

須坂市

Sato Kazyuen
佐藤果樹園

⌂ 長野県須坂市小河原町123-1
http://kzsato.cart.fc2.com

和らぎ シードル

使用りんご
ふじ
アルコール分7%、750ml、
味わい：フレッシュ

雪中保存したりんごで造る 香り高いシードル

須坂市の自社農園で、ワイン用のぶどうと、りんごを栽培しています。「和らぎ」は同社の商品シリーズ名。シードルは、11月に収穫したりんごを、1～3月まで飯山市で「雪中保存」したものを使用し、旨みを凝縮しています。瓶内二次発酵で仕上げた、まろやかなシードルです。甘口と辛口があります。

喬木村

Nouen Nokaze
農園 野風

⌂ 長野県下伊那郡喬木村15063-1
☎ 0265-33-5051
https://www.facebook.com/農園-野風-321372234924379/

野風

使用りんご
ふじ
アルコール分7%、750ml、
味わい：エレガント

柿の皮で味わいを増した 今までにない味わい

南信州のいちご農家の清水純子さんが、シードルにほれ込み、地元産のりんごで、自らのブランドのシードルを造りました.ふじで造ったシードルに、天日で干した市田柿の皮を浸漬させた、オリジナリティにあふれるシードルです。後味にほんのり柿の香り、渋みを感じます。

長野市

Miyazawa Farm
みやざわ農園

⌂ 長野県長野市真島町真島789
☎ 026-284-2630
http://www.miyazawa-farm.com

みやざわ農園シードル 甘口

使用りんご
ふじ、シナノスイート、秋映
アルコール分8%、750ml、
味わい：フレッシュ

りんご3種の味わいを活かした 華やかでフレッシュな味わい

化学肥料は使わず、減農薬で、りんごの他、梨、桃、プルーンなどを栽培しています。シードル造りは2017年から。自家農園のりんご4種をブレンドして造られています。りんごの風味を活かした、優しい味わいは、食前酒などにぴったりです。2018年醸造分よりカモシカシードルで委託醸造。

岩手県盛岡市

イングリッシュ サイダー

使用りんご
(ファースト)さんさ、つがるなど

スイート ●—●—●—●—● ドライ
アルコール分6.5%、300ml、味わい：カジュアル

Baeren Bier
ベアレン醸造所

岩手県盛岡市北山1丁目3-31
019-606-0766
http://www.baerenbier.com

ドイツ伝統製法にこだわったクラフトビールを醸造。さわやかな甘さと、ほのかな酸味。アルコール度数も低く、お酒の苦手な方にもおすすめ。

仕込みの時期によって異なるりんごで造るサイダー

100年以上前の醸造釜をドイツから移設し、ドイツ人マイスターによる伝統的なクラフトビールを造るブルワリー。英国パブをイメージしたサイダーは、仕込みの時期ごとに異なるりんごで、ファースト、セカンド、サードと年に3種類造っています。それぞれのりんごの個性が楽しめます。

岩手県盛岡市

盛岡シードル ふじ

使用りんご
ふじ

スイート ●—●—●—●—● ドライ
アルコール分12%、720ml、味わい：エレガント

Gomaibashi Winery
五枚橋ワイナリー

岩手県盛岡市門1-18-52
019-621-1014
http://www.gomaibashi.com

シードル原酒
使用りんご ジョナゴールド
発酵終了直後の林檎ワインを−2℃まで急冷し、濾過をせず、炭酸と酵母が残ったままで瓶詰め
アルコール分11.5%、720ml、味わい：フレッシュ

こだわりのりんごでていねいに造る盛岡の味

ご夫婦で営むブティックワイナリー。自家農園のぶどうと、産地にこだわった岩手のりんごを使ってワイン、シードルを造っています。りんごの仕込みは、ヘタ、芯、傷みをすべて手作業で取り除き、砕いた後は油圧でゆっくり搾汁するという手間のかけよう。りんごの持ち味を大切に醸造しています。

岩手県花巻市

星の果樹園シードル

使用りんご
サンふじ（奥州市江刺産）

スイート ―●―●―🍎―●―● ドライ

アルコール分11.5%　720ml、味わい：フレッシュ

Edel Wein
エーデルワイン

岩手県花巻市大迫町大迫10-18-3
☎ 0198-48-3037
http://www.edelwein.co.jp

ワイン直売店、テイスティングルーム、ワイン工場が隣接している。

高級ブランドりんごを贅沢に使ったシードル

岩手県・北上山地の最高峰、早池峰山の麓の花巻市大迫町にあるワイナリー。岩手のブランドりんごである「江刺りんご」のサンふじを贅沢に使って造られる「星の果樹園シリーズ」があります。太陽を浴びて育った無袋ふじのおいしさが十分に活きた、さわやかなシードルです。

岩手県花巻市

シードル　さんさ

使用りんご
さんさ

スイート ―●―●―🍎―●―● ドライ

アルコール分7%、750ml（500mlもあり）、味わい：リッチ

Kamegamori Winery
亀ヶ森醸造所

岩手県花巻市大迫町 19-7-1
☎ 090-2873-6939
http://www.kamegamori.com

最初に造られた「ゼロ号」のワインやシードルはすでに完売。

早生種から晩生までさまざまな種類で造られる農家のシードル

大迫町の古民家を改造した醸造所。りんご農家とぶどう農家が協働し、2016年よりワイン、シードル造りを本格化しました。写真のシードルは、ニュージーランド生まれ、盛岡育ちの早生りんご「さんさ」を使用。糖度14度以上の甘いりんごを、じっくりと熟成。しっかりとした辛口です。

岩手県遠野市

遠野林檎シードル ドライ

使用りんご
ふじ

スイート ―――――― ドライ
アルコール分6%、750ml、味わい：フレッシュ

Tonomagokoro Net
遠野まごころネット

遠野まごころネット／
ソーシャルファーム＆ワイナリー
岩手県遠野市早瀬町2-5-57
☎ 0198-62-1001
http://tonomagokoro.net

釜石林檎シードル ドライ

使用りんご
ジョナゴールド
アルコール分6%、750ml

復興の願いを込めて 地元の果物でお酒を

東日本大震災の被災地の復興、障がい者就労支援のために、NPO法人遠野まごころネットが開発したシードルです。長野県東御市のはすみふぁーむ＆ワイナリーの蓮見氏が醸造を担当。ていねいに栽培されたりんごを使用し、すっきりと仕上げられた辛口は、三陸の魚介類などによく合います。

岩手県大船渡市

りんご屋まち子のアップルシードル

使用りんご
米崎りんご

スイート ―――――― ドライ
アルコール分8%、750ml、味わい：フレッシュ

THREE PEAKS
スリーピークス

岩手県大船渡市盛町字沢川16-24
☎ 090-9138-5217
http://3peaks.jp

故郷にUターンし、次世代に手渡せる産業を

代表の及川武宏さんは大船渡出身。震災後、故郷でできることを考え、「三陸にワイン文化を根付かせたい」と2013年に活動を開始、2015年にUターンして、ワイナリーをオープンしました。自家畑のぶどうで造るワイン、陸前高田の米崎りんごの希少な老木の実を使った、味わい深い辛口シードルが好評です。シードルのエチケットのイラストもかわいらしく、及川さんの故郷への思いが詰まっています。

秋田県横手市

オカノウエシードル 爽醇

使用りんご
ふじ・王林・
アキタゴールド(横手市産)

スイート ●—●—●—🍎—● ドライ
アルコール分7%、750ml(375mlもあり)、味わい:フレッシュ

Okanoue Cidre
オカノウエシードル

オカノウエプロジェクト
http://okanoue.tumblr.com
さとう果樹園
秋田県横手市平鹿町醍醐字北野1
☎090-2559-3086
https://www.facebook.com/satokazyuen/

農家と酒販店が手を組んで地元のシードルを開発

横手市のさとう果樹園の佐藤和也さんが、「横手のりんごでシードルを」と、2015年、市内の酒販店や若手起業家などとともに立ち上げたのが、「オカノウエプロジェクト」。果樹園がある丘をイメージしたネーミングです。これまで、趣向を凝らしたシードルを数種作ってきました。「爽醇」は、その名の通り、さわやかさで芳醇。りんごの香りとともに広がるさわやかな甘酸っぱさを感じる、キレのよい辛口です。

山形県高畠町

高畠シードル

使用りんご
山形産ふじ

スイート ●—🍎—●—●—● ドライ
アルコール分8%、750ml、味わい:エレガント

Takahata Winery
高畠ワイナリー

山形県東置賜郡高畠町糠野目2700-1
☎0238-40-1840
http://www.takahata-winery.jp

東北の名門ワイナリーが手がける甘口シードル

1990年創業の、山形の代表的ワイナリー。土からこだわったぶどう作りで、高い評価のワインを生産しています。シードルは、山形県産完熟ふじを使った、スパークリングタイプ。やや甘口に仕立てられています。きめ細やかな泡と、フルーティな香り、雑味のないクリアな味わいは、飲むシーンを選びません。山形りんごの魅力を感じられる1本です。

山形県上山市

Takeda Winery
タケダワイナリー

山形県上山市四ツ谷2丁目6-1
☎023-672-0040
http://www.takeda-wine.co.jp

サン・スフル シードル

使用りんご
ふじ、王林、
ジョナゴールド、紅玉

すっきりでありながらコクがあり、りんごの旨みたっぷり。和食やイタリアンとよく合う。

上山の東南斜面に約15haの自社ぶどう畑を持つ。ワイナリーの歴史は大正時代からと古い。

スイート ●―●―●―●―● ドライ
アルコール分7%、750ml、味わい：エレガント

澱さえもまろやかで美味日本のサン・スフル シードル

日本の自然派ワインの草分け的な存在であるワイナリー。1920年開園以来、無濾過、無添加で、自然の力を引き出しながら、山形でしか造れない味を追求しています。現在5代目当主で、醸造責任者でもある岸平典子さんは、サン スフル（フランス語で酸化防止剤を使わない）醸造を、いち早く実践し、商品名にも記してきました。もちろんシードルも同様な方法で造られています。山形産の4種のりんごを使用し、無添加で、瓶の中で発酵を継続させたシードルです。青りんごの王林が味に奥行きを加え、爽やかさと、わずかな渋みのバランスが絶妙なおいしさです。ほのかなハーブやレモンの香りも。始めはさわやか、飲みすすむほど濃厚になり、澱もクリーミーでおいしいことに驚かされます。食中酒としてもおすすめの1本です。

破砕機にりんごを投入する岸平さん。

山形県西川町

やまがたシードル

使用りんご
大江町産ふじ、紅玉

スイート ●—●—●—●—● ドライ
アルコール分8%、750ml、味わい：フレッシュ

Gassan Toraya Winery

月山トラヤワイナリー

山形県西村山郡西川町大字吉川79
☎ 0237-74-4315
http://wine.chiyokotobuki.com

評価の高い大江町のりんごを使用

フルーツ王国山形の おいしい地酒を目指して

日本酒醸造から、地元のさくらんぼのお酒造りを始め、1982年よりワイナリーに。ぶどう栽培も行い、果物王国山形のフルーツワインを醸造しています。シードルは、りんご生産者約120名で構成している大江町りんご部会のふじ、紅玉を使い、微炭酸のさわやかな味に仕上げています。

山形県朝日町

朝日町シードル 無袋ふじ

使用りんご
ふじ

スイート ●—●—●—●—● ドライ
アルコール分7%、750ml、味わい：フレッシュ

Asahimachi Wine

朝日町ワイン

山形県西村山郡朝日町
大谷高野1080番地
☎ 0237-68-2611
http://asahimachi-wine.jp

朝日町シードル セック

使用りんご
シナノスイート、秋陽
アルコール分7% 750ml

無袋栽培りんごを使った 旨みたっぷりのシードル

長く大手ワインメーカーの下請けに携わっていましたが、1973年から自社ワインの製造を開始。朝日町が日本で最初に確立した無袋栽培のおいしいりんごを活かし、完熟無袋ふじ100%のシードルと、山形県オリジナル品種の秋陽とシナノスイートをブレンドしたシードルの2種類を造っています。

宮城県仙台市

Akiu Winery 秋保ワイナリー

⌂宮城県仙台市太白区秋保町湯元枇杷原西6
☎022-226-7475
http://akiuwinery.co.jp

シードル ブリュット

使用りんご
サワールージュ、ふじ、ジョナゴールド

すっきりしたキレ、コクのある味わいは食中酒としても楽しめる。甘口はふじを使用。

ワイナリーには、カフェ、宮城県の特産品も扱うのショップなどを併設。

スイート ―●―●―●―🍎―● ドライ
アルコール分9%、750ml、味わい：フレッシュ

宮城の食材の魅力を伝え、ワインで復興支援

宮城県をワインの産地にしたいと、温泉郷・秋保に誕生した。宮城県初のワイナリー。代表の毛利親房さんは、仙台の設計事務所で女川の温泉施設などの設計に携っていましたが、東日本大震災での被害に衝撃を受け、復興支援に立ち上がりました。「宮城の食材の魅力を伝えるワイン造り」を目指し、資金調達、栽培や醸造のノウハウの研究に奔走し、2015年、ぶどう栽培に適した秋保温泉郷にワイナリーをオープン。2016年には、シードルをリリースしました。南三陸町、亘理町などの県内産のりんごを100%使用しています。2017年のフジ・シードル・チャレンジでは、甘口が銀賞、辛口が銅賞をみごと獲得しました。

毛利さんは、宮城ワインツーリズムのためのアカデミーの設立や、秋保に人を集めるスポーツイベント企画など、活動の輪を広げています。

シードルと宮城の牡蠣とのペアリングを提案。将来、セットで販売する企画も。

福島県二本松市

シードル

使用りんご
ふじ

スイート ●—●—🍎—●—● ドライ
アルコール分8%、500ml、味わい：フレッシュ

Fukushima Nouka no Yume Wine
ふくしま農家の夢ワイン

⌂ 福島県二本松市木幡字白石181-1
☎ 0243-24-8170
https://www.facebook.com/fukuyumewine/

農業の活性化を目指し地元の果物を魅力的なお酒に

ワインで地域を活性化し、農業の次世代の担い手を育成しようと、2015年に二本松にオープンしたワイナリー。自生している山ぶどうとワイン用品種を交配した「ヤマ・ソービニオン」を、耕作放棄地で栽培することからスタートしました、シードルは、地元の羽山産の完熟ふじを使用。香り高く、まろやかな味わいです。早摘みりんごを使ったグリーンシードルや、福島県発祥の王林を使ったシードルも。

福島県郡山市

Cidre 2016

使用りんご
ふじ

スイート ●—●—🍎—●—● ドライ
アルコール分11%、750ml (375mlもあり)、味わい：フレッシュ

Fukushima Ouse Winery
ふくしま逢瀬ワイナリー

⌂ 福島県郡山市逢瀬町多田野郷士郷士2番地
☎ 0120-320-307
http://www.ousewinery.jp

地元の果物の可能性を広げ、新しい特産品を未来へと

郡山と猪苗代湖とのほぼ中間の山あいにあるのどかな田園地帯に、2015年10月にオープン。りんご、梨、桃など、果物の生産、加工、販売を一連に手掛け、地元の農家の方々と一緒に福島県の農業の新しい道を拓いていくことをコンセプトにしています。シードルは、太陽の恵みをたっぷりと受けた完熟ふじを100%使用。実と皮、果汁を一緒に低温発酵させることで、フレッシュな香りと果実味を閉じ込めました。

福島県猪苗代町

会津シードル

使用りんご
ふじ

スイート ●—●—●—🍎—● ドライ
アルコール分8%、750ml(375mlもあり)、味わい：フレッシュ

Honda Winery
ワイン工房あいづ（ホンダワイナリー）

福島県猪苗代町大字千代田字千代田3-7
☎ 0242-62-5500
http://www.hondawinery.co.jp

手間を惜しまず、りんごの持ち味を抽出

猪苗代町にある小さなワイナリー。福島県産の新鮮な果物を使い、ていねいに醸造しています。ワインの発酵、熟成は主にガラス製の樽を使用するという、日本では珍しい醸造所です。すっきりと雑味のない味になるそうです。シードル製造に際しては、りんごをカットして中身の状態を確認してから搾汁して使用しています。手間を惜しまず、瓶内二次発酵で仕上げた、さわやかな辛口です。

茨城県那珂市

常陸野リンゴのワイン

使用りんご
茨城県産りんご

©齋藤さだむ

スイート ●—●—●—●—🍎 ドライ
アルコール分6～7%、500ml、味わい：フレッシュ

Kiuchi Brewery
木内酒造

茨城県那珂市鴻巣1257
☎ 029-212-5111
http://kodawari.cc

老舗酒造が手がける風味豊かな辛口シードル

1823創業の、清酒菊盛の醸造元。こだわりを持った酒造りは評価が高く、1996年に発売されたクラフトビール、常陸野ネストビールは、国内外のビールコンテストで多数の賞を獲得しています。そんな老舗酒造が手がけるシードルは、新鮮な茨城県産りんごを、無添加、天然酵母で醗酵させたナチュラルな味わい。酵母の芳醇な香味が活きています。微発泡で、ドライな飲み口は、食事にも合うと好評です。

群馬県利根郡

川場シードル（プレミアム）

使用りんご
ふじ（川場村産）

スイート ー ドライ
アルコール分3%。750ml、味わい：カジュアル

Kawaba Cidre
川場シードル

田園プラザ川場ビール工房
群馬県利根郡川場村大字萩室385
☎ 0278-52-3711
https://www.denenplaza.co.jp/service/beer/

地ビールの技術を活かしたさわやかな味と香り

全国の道の駅のなかで高い人気を誇る、群馬県「田園プラザかわば」内にあるビール工房で造られているシードルです。2014年発売開始。川場村産ふじを100%使用し、地ビール製造の技術を活かして造られています。無添加で、アルコール分が3%と低く、りんごのフレッシュなおいしさがストレートに伝わります。優しい甘さとさわやかさは、お酒の苦手な方にもおすすめです。

富山県氷見市

SAYS FARM シードル

使用りんご
ふじ（富山産）

スイート ー ドライ
アルコール分7.8%、750ml、味わい：エレガント

SAYS FARM
セイズファーム

富山県氷見市余川字北山238
http://www.saysfarm.com

富山産ふじの味と香りが活きる辛口シードル

富山県氷見市にある、2011年オープンの農園ワイナリー。ワインのクオリティの高さに加え、レストラン、ゲストハウス、ギャラリーも併設された、氷見の人気スポットになっています。

シードルは、富山県産のふじを100%使用。ブルターニュ地方の製法に倣い、自然の酵母でゆっくりと一次発酵させた後、軽いろ過を行い、約3か月かけて瓶内二次発酵。しっかりとした辛口に仕上げています。

Tokyo Winery
東京ワイナリー

東京都練馬区大泉学園町2-8-7
03-3867-5525
http://www.wine.tokyo.jp

練馬区大泉学園の住宅街にあるワイナリー。カフェも併設されている。

東京ワイナリー×群馬県松井りんご園のシードル

使用りんご
ぐんま名月など

キーヴィングというフランスの技法を取り入れ、すっきりながら複雑味のある味わいに。

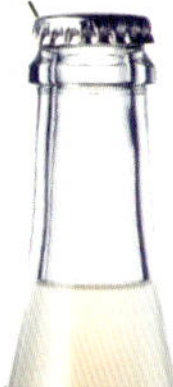

スイート ・・・・● ドライ
アルコール分4%、750ml、味わい：リッチ

東京で第1号のワイナリーから生まれる味

東京ワイナリーは、2014年に練馬区にオープンした都内の第1号のワイナリーです。代表の越後屋美和さんは、「東京の農作物を応援する仕組みとして」とワイン造りを始めました。

2016年、神田のシードルバー、エクリプス・ファーストの企画で、バーオーナーの故郷、群馬のりんごを使ったシードルを醸造しました。幻の黄色いりんご「ぐんま名月」をベースに「はるか」「青林」といった黄青系りんごを使い、フランスの伝統的な製法で造られました。香り高く、ナチュラルな味わいはバーでも大好評だったとか。また、自由が丘にある洋菓子店「モンブラン」で提供される、弘前市の田中農園のりんごを使ったオリジナルシードルも醸造。こちらはスイーツに合わせた甘口です。数量限定ですが、自社シードルも醸造しています。

モンブラン×青森県田中農園のシードル あどはだり

弘前市の田中農園のりんごを使った甘口シードル。スイーツに合うよう、甘さとさわやかさのバランスが計算されている。

東京の醸造所

TOKYO BREWERY

Miyata Beer
ミヤタビール

東京都墨田区横川3-12-19 松井ビル1F
☎ 03-3626-2239
http://miyatabeer.com

→ 店の奥がガラス張りの醸造スペースになっている。小規模ながらも本格的な設備だ。

押上駅と錦糸町駅のどちらからも徒歩圏内にある小さなブルワリー。赤いテントが目印。

左／余市・清久果樹園の雪中熟成ふじ。右／余市・江本自然農園のふじ、あかね、ジョナゴールドをブレンド。ドライイーストを使わず、生のハウスイーストを使用。

こだわりのりんごを選んでシードルにする楽しみ

2014年オープンのマイクロブルワリー。ビールのほか、タップに繋いだ自家製シードルが飲めるとあって、シードル好きが集まります。オーナーで醸造家の宮田昭彦さんは、栃木マイクロブルワリーで修行。念願の自分の醸造所をオープンしました。シードルを造り始めたのは、「ビールは海外の麦芽やホップに頼らざるを得ないが、シードルなら国内の素材をならではの酒造りができる。密閉型である既存の設備を使えば亜硫酸 塩不使用で補糖なしのシードル造りに挑戦できると思った」からだそう。こだわりのりんご栽培農家を自ら探し、交渉してジュースを購入しています。取材時に仕込んでいたのは、弘前・みかみファームのギリギリまで完熟させた蜜たっぷりの、サンつがるのシードル。今後どんなシードルが生まれるか楽しみです。

シードル用のタップを増やすか、悩んでいるというオーナーの宮田さん。

東京都

Kirin Hard Cidre
キリン ハードシードル

⌂キリンビール株式会社
東京都中野区中野4-10-2
中野セントラルパークサウス
http://www.kirin.co.jp

キリン ハードシードル

フレッシュな香りとさわやかなのどごし。すっきりと甘さをおさえ、食事にも合うように仕上げられている。

2016年12月の渋谷駅ハチ公口のイルミネーション。ハチ公にも飾り付けがされた。

スイート ● ● ● ● ● ドライ
アルコール分4.5%、290ml、味わい：カジュアル

日本のシードルブームの盛り上げ役

近年のシードル人気の火付け役ともいえるのが、キリン ハードシードルの存在です。これまでの「シードル＝甘いお酒」という既成概念を破る、すっきり爽快な飲み口で、2013年から飲食店を中心に展開していましたが、2016年に290mlの飲みきりサイズを販売。スーパーやコンビニエンスストアで手軽に買えることに加え、ファッショナブルなPR展開が、若者をの心を捉え、人気に火が付きました。

2015年7月に、"Apple meets New!"をコンセプトにポップアップストア「OMOTESANDO CIDRE by KIRIN HARD CIDRE」を表参道に展開。2016年12月には、渋谷駅のハチ公周辺をハードシードルのイルミネーションで飾るイベントも。この時は海外メディアも取材に訪れていました。

シードルをおしゃれで新しい文化として発信するキリン ハードシードルの展開は、これからも要注目です。

表参道のポップアップストアでは、「GELATO & POTATO」とコラボレーション。

山梨県笛吹市

Lumiere
ルミエール

⌂ 山梨県笛吹市一宮町南野呂624
☎ 0553-47-0207（ルミエールワイナリー）
http://www.lumiere.jp

ルミエール シードル 2016

使用りんご
つがる（山梨産）

香りがフレッシュ。ほのかな甘み、酸味のバランスがよい辛口。

ワイナリーには、ショップや、レストラン「ゼルコバ」を併設。

スイート ●—●—●—●—● ドライ
アルコール分7%、750ml、味わい：エレガント

日本ワインの先駆けが造る、ナチュラルな味わい

1885年創業の山梨の老舗ワイナリー。自社農園の開拓、ぶどうの改良、ヨーロッパ品種の導入などに尽力した、日本ワインのパイオニア的存在で、ワインは皇室御用達にもなっています。

シードルは、韮崎市産など県内産のりんごを使い、無ろ過で瓶内二次発酵によるナチュラルな仕上がりです。味わいはドライですが、香りは華やかで、フレッシュな味わい。飲み進むほどに味わいが変わり、最後の澱まで楽しめます。まろやかな酸味はチーズやサラダにぴったりです。

代表取締役の木田茂樹氏。

クレソン、ベーコン、チーズのガレット。

京都府京丹波町

Tanba Wine
丹波ワイン

京都府船井郡京丹波町豊田鳥居野96
☎ 0771-82-2002
http://www.tambawine.co.jp

林檎の
スパーリングワイン

使用りんご
ふじ、ジョナゴールド(青森産)
タムラファームのりんごを使用した、やや甘口のシードル。軽やかでジューシーなおいしさ。

ワイナリーには、ショップ、レストランが併設。見学、試飲のツアーもあり。

スイート ―●―●―●―●― ドライ
アルコール分5%、500ml、味わい：フレッシュ

日本の食文化に合う、ワイン、シードルを求めて

1979年京都・丹波に創業。照明器具メーカー社長であった黒井哲夫氏が、海外視察の際に、街のどこでも気軽に楽しめるワインのおいしさに感銘し、日本に持ち帰ります。でも同じものを日本で飲んでも味が違う、その理由を考えた時に、ワインと風土、食文化との深いつながりに気づき、日本、京都の食文化に合うワインを造りたいと、設立したワイナリーです。ぶどう農家、醸造家など同士が集まり、研究を重ね、1984年には、スペイン・マドリードで開催されたモンドセレクションのワイン部門で金賞を受賞。和食のために栽培、醸造したワインが世界的にも初めて認められました。

シードルやフルーツワインも早くから手がけてきましたが、青森県弘前市のタムラファーム（P100）のりんごとの出会いから、自社シードルも大きく変わりました。糖度が高くフレッシュな酸味のあるりんごから生まれるシードルは、なめらかでふくよかな味わいです。

地元野菜を使った一皿をシードルに合わせて。

広島県福山市

MalumArdo(マルマルド)ブリュット

使用りんご
ふじ(広島県産)

スイート ●—●—●—🍎—● ドライ
アルコール分8%、750ml、味わい:フレッシュ

Fukuyama Winery
福山わいん工房

広島県福山市霞町1-7-6
http://www.enivrant.co.jp/vindefukuyama/

商店街の醸造所で作られる山陽地方唯一のシードル

2016年に、広島県福山市でスパークリングワイン専門ワイナリーとしてスタート。場所は駅近くの商店街で、1階が醸造所、2階がワインバーという形態。オーナーの古川和秋氏は、フランスに住んだ経験があり、シャンパーニュ地方でぶどうの収穫や醸造の手伝いをするうちに、ワイン造りに興味をもつようになりました。シードルはメトード・リュラル(田舎式)製法で醸造。辛口、甘口、極甘口があります。

島根県雲南市

シードル赤来

使用りんご
ふじ、王林、やたか、他

スイート ●—●—●—●—🍎 ドライ
アルコール分8.5%、750ml、味わい:エレガント

Okuizumo Vineyard
奥出雲葡萄園

島根県雲南市木次町寺領2273-1
☎0854-42-3480
http://www.okuizumo.com

ワイン技術を活かした本格シードル

自然豊かな奥出雲の地で、3haの自社ぶどう園を持つワイナリー。シードルのりんごは、島根県飯南町の赤来高原観光りんご園産。数品種ブレンドしています。瓶内二次発酵で仕上げ、ルミアージュ、デゴルジュマンも行っているそう。すっきりと軽やかな中に、ハーブやスパイスのような香りも感じ、食中酒としても楽しめる1本です。もう1本、広島のりんごを使った「シードル高野」もあります。

シードルのある楽しい食卓

お互いを引き立て合う

シードルと料理のペアリング

シードルは、さまざまな料理のおいしさを引き立てます。「地元の食材と地元のシードル」にこだわった食のイベントを主宰している渡部麻衣子さんにお話をお聞きしました。

料理とシードルを合わせる楽しみをもっと多くの人に伝えたい

日本シードルマスター協会特別認定シードルアンバサダー
渡部麻衣子さん

日本シードルマスター協会特別認定アンバサダー・渡部麻衣子さんは、食のイベントを通して、独自のシードル普及活動をしています。2年前にシードルに出会い、「おいしくて、楽しい」その魅力にすっかりはまり、シードル アンバサダーになりました。

「シードルは料理に合わせてこそ、より楽しめる」「日本各地のシードルと地元の料理のペアリングを確かめたい」という思いのもと、「日本シードルと地方食材を味わう会」を開催してきました。料理は、表参道のフレンチレストランLATURE（ラチュレ）の室田拓人シェフに依頼。室田シェフは狩猟免許を持ち、自然の味わいを活かした美しい料理で高い評価を得ています。第1回はバラエティ豊かな長野のシードルを、ジビエのフルコースと合わせました。第2回は岩手。八幡平のサーモン、短角牛などの現地食材が登場。第3回は青森の海の幸、山の幸が並びました。

「地元の食材とともに味わってもらうことで、シードルの個性や魅力を知ってもらえたら」と渡部さん。今後もいろいろな企画を考えているそうです。

「シードルは食事には合わないと思っている方も多いかもしれませんが、意外と幅が広いんです。お寿司やお刺身につけるわさびなどもシードルと相性がいいですし、焼き鳥や餃子、唐揚げなどのメニューにも合うんですよ。ぜひ試してほしいですね」。

普段、渡部さんが家でシードルを飲む時は、ごく家庭的なお惣菜に合わせているそう。「青菜のおひたしとか、肉じゃが、きんぴらとか。しょうゆ味に合いますね。ゴーヤーチャンプルもおいしかったです。あとは、お好み焼きやたこ焼きなどもよく合いますよ」とのこと。シードルと料理のペアリングを、ぜひ探してみてください。

日本シードルと地方食材を味わう会

～第3回・青森編～

海の幸、山の幸に恵まれた
青森の食材を活かした一皿に
異なるシードルを組み合わせて
味の広がりを楽しみました。

MENU

1 津軽海峡育ち
海峡サーモンのタルタル
with
シードル工房kimori
「kimoriシードルGREEN」

2 大鰐町のトマトの
コンソメとムース
with
津軽ゆめりんごファーム
「津軽ゆめりんごシードル」

3 十和田で育ったダチョウの
カルパッチョ
with
弘前銘城
「弘前城しいどる」

4 鯵ヶ沢町の
金の鮎のパイ包み焼き
with
ファットリア ダ サスィーノ
「アポーワイン！」

5 奥津軽の猪のワイン煮込み
with
タムラファーム
「タムラシードル ブリュット」

6 三戸町のジョミ（カマズミ）と
ショコラのムース
with
田中りんご農園×自由が丘モンブラン
東京ワイナリー委託醸造
「ADOHADARI（あどはだり）CIDRE」

1 さくさくタルトに、ディルでマリネされたサーモンがたっぷり。食用菊を散らして。サーモンの脂と青りんごのシードルがぴったり。
2 トマトの果汁をジュレとムースの二層にして、カクテルグラスに。フルーティなシードルとトマトが風味を引き立て合う。
3 新鮮なダチョウ肉にハーブとチーズをトッピング。意外にもあっさりとした味。やわらかな香りの酒造のシードルが好相性。
4 パイの中は、鮎と川海苔のムースの層。ブールブランソースをからめて。しっかりとしたボディのシードルが、包み込むようなおいしさ。
5 猪肉を濃厚なソースで。上にのっているのは「大鰐温泉もやし」。辛口のすっきりシードルで、後味をさわやかに。
6 酸っぱい果実、ジョミのソースと甘いショコラがぴったり。やや甘口のシードルを合わせて。

室田拓人 シェフ

「レストラン タテル ヨシノ」を経て、2010年前身「deco」2016年「LATURE」オープン。ワインリストにシードルはないが、要望があれば対応してくれる（要予約）。

LATURE（ラチュレ）
東京都渋谷区渋谷2-2-2　青山ルカビルB1
☎03-6450-5297
http://www.deco-hygge.com/

ホームパーティにもぴったり！

ウチ飲みシードルおつまみ

和洋・中華、さまざまなジャンルの家庭料理を提案し、ライフワークとして研究してきたポルトガル料理でも講師として活躍中の栗山真由美さん。スペイン・バスク地方にもよく出かけていて、チャコリ（バスクの白ワイン）やシードラも大好きだそう。
今回、家でシードルを飲む時にササッと作れるおつまみを教えていただきました。
ホームパーティにもぴったりです。

「ポルトガルには、ヴィーニョ・ヴェルデという微発泡の軽い白ワインがあって、ますはそれで乾杯。シードルに似ている気がします。ヨーロッパではシードルを使った料理、たとえばムール貝などの魚貝類のシードル蒸しや、豚肉や鶏肉のシードル煮などがよく作られますが、日本では料理にシードルを使うのはなかなか贅沢なこと。飲み残して炭酸が抜けてしまったシードルがあったら、ワインのように炒め物、煮込み、カレーなどに加えてみてください。風味が増します。煮詰めてソースにしてもいいですね。

今回は、シードルに合う簡単おつまみです。けっこう何でも合わせやすいのですが、豚肉はとても相性がいいです。いつものしょうが焼きやとんかつもいいですね。シードルは和食のだしの味やしょうゆやみそとも相性がいいので、普段のごはんと気軽に合わせてみてくださいね。」

栗山真由美さん
くりやま・まゆみ

料理家、栄養士。TV、雑誌で活躍中。ポルトガル料理を中心とした料理教室 Amigos Deliciosos を2008年より主宰し、現在はNiki's Kitchen料理教室に所属。著書に『ゆる粕レシピ』『マッサ パプリカで作る美味しい調味料』（ともに池田書店）など多数。

白身の刺身やホタテで。
りんご酢のソースで
さっぱりと。

シードルに合う食材
白身魚
トマト
りんご酢

白身魚のカルパッチョ

材料（2人分）

鯛など白身魚の刺身……100g
トマト……½個
ベビーリーフ……10g
A
りんご酢……小さじ2
塩……小さじ⅓
ピンクペッパー……少々
（なければ黒こしょうで）
オリーブオイル　大さじ1

作り方

1 トマトはヘタと種を取り、5㎜角に切る。ボウルに入れ、**A** となじませておく。

2 ベビーリーフを皿に敷き、食べやすく切った刺身を並べる。

3 **1** にオリーブオイルを混ぜ、**2** にかける。

HINT! 辛口はお刺身にもぴったり。貝や白身魚がおすすめです。わさびとしょうゆでもいいですが、オリーブオイルでカルパッチョ風にするとおもてなしにも向く一品に。ダイス状のトマトをのせる一手間で、見た目や味、栄養バランスがグンとよくなります。

タコ&黒オリーブ
ゆで卵&アンチョビ
カマンベール&サーモン

3種ピンチョス盛り合わせ

スペイン風に、
一口おつまみを
ちょっとずつ。

シードルに合う食材

アンチョビ	タコ
サーモン	オリーブ
チーズ	卵

タコ＆黒オリーブ

材料（4本分）

- ゆでダコ ……… 60g
- にんにく ……… 薄切り3枚
- ブラックオリーブ ……… 4個
- オリーブオイル ……… 大さじ1
- 塩 ……… 小さじ¼

作り方

1. にんにくはみじん切りにして小さな器に入れ、塩をなじませて5分置き、オリーブオイルを混ぜる。
2. ゆでダコは食べやすく8等分に切る。楊枝にタコを2切れ、真ん中にグラックオリーブ1個をはさむようにして刺し、全部で4本作る。
3. 1のにんにくのオイルを全体にかける。

ゆで卵＆アンチョビ

材料（2人分）

- ゆで卵 ……… 2個
- イタリアンパセリ ……… 適量
- アンチョビ ……… 4枚
- オリーブオイル ……… 適量

作り方

1. ゆで卵は殻をむき、横半分に切る。
2. 卵の中央にパセリ少量をのせ、アンチョビ1枚を2〜3つに折りながら楊枝で卵に刺す。
3. オリーブオイルをひと垂らしする。

カマンベール＆サーモン

材料（2人分）

- バケットの薄切り ……… 4枚
- 刺身用サーモンの薄切り ……… 4枚（40g）
- カマンベールチーズの薄切り ……… 4枚（40g）
- オリーブオイル ……… 少々
- ディル ……… 少々
- 塩 ……… 少々

作り方

1. バケットにオリーブオイルを塗る。
2. サーモン、カマンベールチーズの薄切りを順にのせ、塩少々を振る。ディルを飾る。

HINT! ホームパーティにおすすめおつまみ。たこ、サーモンは冷凍ストックしておくと便利な食材です。チーズは、シードルの産地ノルマンディー産のカマンベールがおすすめですが、何でも合います。ゆで卵とアンチョビは鉄板の組み合わせです。

じっくり揚げ焼きした
バラ肉の香ばしさが
シードルにぴったり。

シードルに合う食材

- 豚肉
- 根菜
- りんご酢

豚バラ肉と根菜のカリカリサラダ

材料（2人分）

豚バラ薄切り肉 …… 120g
れんこん …… 50g
レタス …… 1～2枚
りんご酢・しょうゆ …… 各小さじ2
片栗粉・油 …… 各適量
塩、こしょう …… 少々

作り方

1 豚肉に塩、こしょうを振り、片栗粉を薄くまぶす。れんこんは皮をむいてスライサーなどで薄切りにする。

2 フライパンに1cmほど油を入れ、れんこんを揚げる。気泡が小さくなって、全体にカリッとしたら取り出し、続いて豚肉も揚げる。時々ひっくり返して、両面がカリッとしたら取り出す。

3 器にレタスをちぎって入れ、2をのせる。豚肉が大きい場合は手で食べやすい大きさに折る。

4 りんご酢としょうゆを混ぜて全体にかける。

HINT! れんこんやごぼう、いも類など根菜の甘さはシードルとよく合います。揚げることで歯ごたえ、香ばしさが楽しめます。豚肉も一緒に揚げてボリュームアップ。りんご酢のまろやかな酸味が味を引き立てる、主菜にもなるサラダです。

ブルーチーズの
コクとりんごの甘みが、
味のハーモニー

ささみのブルーチーズソース

シードルに合う食材

鶏肉

ブルーチーズ

りんご

材料（2人分）

鶏のささみ……4本
ブルーチーズ……50g
りんご……1/8個（40g）
バター、シードル……各大さじ1
塩、こしょう……各適量

作り方

1 ささみは筋を取って食べやすく切り、塩小さじ1/4、こしょう少々を振る。りんごはヘタと芯を取り、薄切りにする。
2 フライパンにバターを溶かし、ささみを炒める。時々返して、肉の表面の色が変わったらシードルを振り、ふたをして2分蒸し焼きにする。
3 2にりんごとチーズを加え、ふたをして火を止め、1分おく。ざっと全体に混ぜ、器に盛る。

HINT! シードルはブルーチーズとも相性抜群。バゲットにのせたり、パスタソースにしてもいいですが、鶏のささみとりんごと一緒にさっと蒸し焼きにすると、目先が変わって新鮮。蒸す時にシードルを使って風味をアップ。バゲットを添えてどうぞ。

エビパクチー餃子
イタリアン餃子

シードルに合う食材

エビ　チーズ
ハーブ　トマト

2種 変わり餃子

イタリアンとエスニック、
2種の餃子を
オーブントースターで

イタリアン餃子

材料（8個分）

- 餃子の皮……8枚
- モッツァレラチーズ……½個（50g）
- トマト……½個
- バジル……2枚
- りんご酢……小さじ2
- しょうゆ……小さじ1
- オリーブオイル……適量

タネの作り方

1. トマトはヘタと種を取り、チーズとともに1cm角に切る。バジルは1枚を4等分にする。りんご酢としょうゆを混ぜたタレを作る。
2. 餃子の皮にバジル1切れ、トマト、チーズをのせる。ふちに水をつけ、4辺を中央でつまむようにして包む。同様に8個作る。

エビパクチー餃子

材料（10個分）

- 餃子の皮……10枚
- むきエビ……100g
- パクチー……1株
- A
  - ピーナッツバター、ナンプラー、水……各小さじ2
  - 一味唐辛子……ひとつまみ
- B
  - 酒……小さじ1
  - 片栗粉……小さじ½
  - 塩、こしょう……各少々
- ごま油……適量

タネの作り方

1. むきエビは背わたを取り、包丁でたたく。パクチーは小口切りにする。**A**を混ぜてタレを作っておく。
2. ボウルにむきエビと**B**を入れ、よく混ぜる。パクチーを加え、ざっと混ぜる。
3. 餃子の皮に1/10量の**2**のタネをのせ、ふちに水をつけ、半分に折り、端から包む。同様に10個作る。

焼く

1. イタリアン餃子にはオリーブオイル、エビパクチー餃子にはごま油をまぶし、クッキングシートを敷いたトースターの天板に並べる。
2. 予熱したトースターに入れ、8～10分焼く。皿に盛り、それぞれタレを添える。

HINT! 餃子とシードルはなぜかよく合う組み合わせ。普通の餃子でもいいのですが、今回は具とタレにこだわった変わり餃子にしてみました。バジルやパクチーなどのハーブ類、ピーナッツとナンプラーのエスニックな風味もシードルによく合います。

玉ねぎと卵のカレー風味

シードルに合う食材

炒め玉ねぎ

卵

スパイス

甘い玉ねぎとふんわり卵のハーモニー。スパイスが決め手。

材料（2人分）

卵		2個
玉ねぎ		½個
A	おろしにんにく	½片分
	カレー粉	小さじ1
	塩	小さじ⅓
ローリエ		1枚
ココナツオイル（なければサラダ油で）		大さじ1
塩、こしょう		各適量

作り方

1 玉ねぎは薄切りにする。卵は溶いて、塩、こしょう少々を混ぜる。

2 フライパンにココナッツオイルとローリエを入れて熱し、玉ねぎを炒める。全体に油が回ったら弱火にし、時々混ぜながらしんなりするまで炒める。

3 Aを加え、よく混ぜながらさらに炒める。カレー粉がまんべんなく混ざり粉っぽさがなくなったら、強めの中火に変え、卵液を回し入れる。ふちが固まってきたら、底から大きく2～3回混ぜ、卵が好みの固さになったら取り出し、器に盛る。

HINT! 炒め玉ねぎの甘さとカレーの風味、ふんわりとした卵のまろやかさがシードルにぴったり。コツは、しっかりと玉ねぎを炒めること。電子レンジに2～3分かけてから炒めてもいいでしょう。パンにもごはんにも合う卵料理です。

酒粕カルボナーラ

シードルに合う食材

- 酒粕
- 卵
- 粉チーズ

材料（2人分）

- 酒粕……50g
- スパゲティ（太め）……180g
- ベーコン……2枚
- 卵黄……2個
- 粉チーズ……適量
- パセリのみじん切り……適量
- オリーブオイル……大さじ1
- 塩、こしょう……各適量

作り方

1. 酒粕は粗く刻む。ベーコンは2cm幅に切る。
2. 塩を加えたたっぷりの湯でスパゲティを袋の表示に従ってゆで、水けを切る。
3. フライパンにオリーブオイルを熱し、弱火でベーコンを炒める。カリッとするまで炒めたら、**2**のゆで汁を大さじ1～2と酒粕を加えて溶かし混ぜる。
4. **3**にスパゲティ、塩小さじ½、こしょう少々を加えてひと混ぜする。火を止めて卵黄をざっと混ぜ、器に盛る。粉チーズとパセリを振る。

HINT! 酒粕の甘み、旨みは、シードルにぴったり。お互いを引き立てる味わいです。酒粕はチーズともよく合うので、生クリームを使わなくてもおいしいカルボナーラができます。他に、酒粕を使ったアツアツの鍋料理に冷たいシードルもおいしいですよ。

シードルに合う食材

豚肉

酒粕

薬味

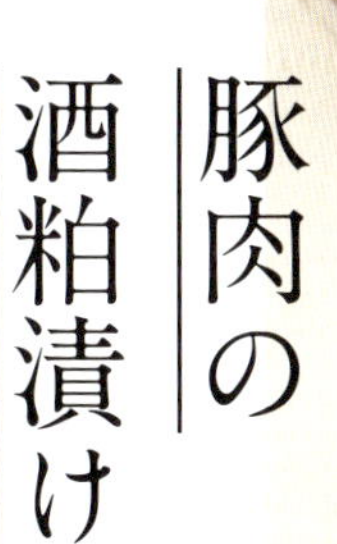

豚肉の酒粕漬け

常備しておくと、
おつまみにも、
おかずにもなって便利。

材料（作りやすい分量）

豚肩ロース塊肉		400g
A	酒粕	300g
A	みりん	大さじ3
A	砂糖	大さじ2
A	塩	小さじ1
しょうがの薄切り		1片
赤唐辛子		1本
サニーレタス		適量
大葉		5枚
塩		小さじ⅓

作り方

1 粕床を作る。**A** を耐熱ボウルに入れ、ラップをかけず電子レンジで1分〜1分半加熱する。ゴムベラで全体を混ぜ、水大さじ2〜3を少しずつ加えてなめらかにする。しょうがの薄切り半量と赤唐辛子を加える。

2 豚肉は塩をすりこんで、5分置く。キッチンペーパーで包み、**1** に入れて粕床で全体を覆い、1〜4日ほど漬ける。

3 サニーレタスは洗って、食べやすくちぎる。しょうが半量は千切りに、大葉も千切りにして混ぜ、薬味として添える。

4 **2** を食べやすい厚さに切り、予熱した魚焼きグリルで両面を焼く。サニーレタスで包み、薬味を添えていただく。

HINT! 酒粕漬け焼きは、シードルとの相性抜群。豚肉は特におすすめです。スライス肉よりも塊肉を漬けて切るほうが、肉の味がしっかりとしておいしいです。漬けて3日後くらいが食べ頃です。この酒粕床は、他の肉や魚を漬けてもおいしいのでお試しを。粕床は、使い捨てではなく、2、3回使えます。。

豚肉バーガー ポルトガル風

シードルに合う食材

豚肉

パプリカパウダー

シードルとスパイスで下味をつけた豚肉が豊かな味

材料（2人分）

バーガーパンなど好みのパン……2個
豚ロース薄切り肉……150g
A
　シードル……大さじ2
　パプリカパウダー……小さじ1/3
　ガラムマサラ……少々
　塩……小さじ1/3
オリーブオイル……大さじ1

作り方

1 豚肉は1枚を4等分に切る。**A**を混ぜたマリネ液をまぶして、1時間〜1晩置く。
2 パンは厚みを半分に切る。
3 フライパンにオリーブオイルを熱し、**1**を中火で焼く。焼き色がついたら返し、**1**のマリネ液を回しかけ、ふたをして2分蒸し焼きにする。
4 パンの内側に**3**の煮汁を塗り、肉を1/2量はさむ。同様に2個作る。

HINT! ビールで下味をつけた豚肉を焼いてパンにはさむ、ポルトガルの庶民の味をシードルでアレンジ。豚肉とシードルは相性が良いので、間違いのないおいしさです。簡単なのでキャンプ料理にも。野外で冷たいシードルを片手に楽しむと最高です。

タラとじゃがいもコロッケ

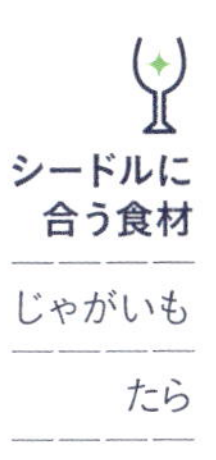

シードルに合う食材

じゃがいも

たら

材料（2人分）

甘塩タラ ……………… 1枚（100g）
じゃがいも ……………… 200g

A
- 卵 ……………… 1個
- 玉ねぎ、パセリのみじん切り ……………… 各大さじ1
- にんにくのみじん切り ……………… 小さじ½
- 片栗粉 ……………… 小さじ1
- 塩、こしょう ……………… 各少々

揚げ油 ……………… 適量
塩 ……………… 適量

作り方

1 じゃがいもは皮をむいて、4～6つに切り、水からゆでる。塩ひとつまみを入れる。竹串がすっと通って柔らかくなったら、水けを切り、つぶして粗熱を取る。

2 タラは皮と骨を除き、身を手で細かく裂いて、ボウルに入れる。**A**と**1**を加え、まんべんなく混ぜる。

3 揚げ油を170℃に熱し、**2**をスプーン2本を使って小さな卵型に成型し、油に落とす。こんがり揚げ色がついたら、ペーパーなどに取り油を切る。

ポルトガル風の、タラのうまみたっぷり、簡単コロッケ

HINT! こちらもポルトガル料理ですが、シードルにぴったりの味なので、ホームパーティのおつまみにおすすめです。本場では干しダラを戻して使いますが、甘塩タラで代用。衣をつけずにそのまま揚げるので、普通のコロッケより簡単です。

名バーテンダー直伝

シードルを使ったカクテルレシピ

シードルは、そのまま飲むのはもちろん、カクテルにしても楽しめるお酒です。
自宅で楽しめる簡単でおいしいカクテルを、プロに教えていただきました。

女性に嬉しい
繊細なカクテル

大森「Bar Tenderly」 宮崎優子さん

大森にあるおしゃれなバー「Bar Tenderly」のオーナーであり、熟練バーテンダー。何度も日本チャンピオンに輝く。今回は、ニッカシードルを使って、色や香りを楽しむ繊細なカクテルを提案。

(店舗情報はP178へ)

Eve Royal

イブロワイヤル

カシスリキュールをシャンパンで割る
「キールロワイヤル」を、シードルを使ってアレンジ。
お酒が苦手な方も楽しめる味です。

作り方

グラスにはちみつ大さじ½、カシスリキュール15㎖を入れて、はつみつをよく溶かし、シードル（甘口でも辛口でも）100㎖を注ぐ。

William Tell
ウィリアム・テル

息子の頭にのせたりんごを
矢で打ち抜く伝説からこの名が付いた、
りんごのリキュールを使った
カクテルをシードルでアレンジ。

作り方

グラスにジャックハニー（はちみつ入りバーボン）30mlを入れ、シードル（辛口）を注ぐ。皮付きりんごをハート形にカットして飾る。

Fruit Cocktail
フルーツカクテル

季節の果物をたっぷり入れた、
デザートのようなカクテル。
見た目も味も華やか。
いちごや柑橘類でもおいしい。

作り方

キウイフルーツ、パイナップルを適当な大きさに切ったものをグラスに入れ、シードル（甘口でも辛口でも）を注ぐ。フレッシュミントを飾る。

Umeboshi Cider
うめぼシードル

梅酒とシードルが不思議にマッチ。
梅干しをつぶしながら飲むのがポイント。
梅干しの塩味が味を引締めます。

作り方

グラスに、はつみつ漬け梅干しを1個入れ、梅酒とシードルを1：1の割合で注ぐ。マドラーを添える。

Fragrance Apple
フレグランス アップル

カルダモンの香りを移した
オリーブオイルを使うカクテル。
口元に触れた瞬間にふわりといい香りが。
オイルはサラダの
ドレッシングなどにも使えます。

作り方

エクストラバージンオリーブオイル50mlにカルダモン（ホール）3～4粒を漬けておく。グラスにシードルを注ぎ、表面にオイルだけ数滴たらす。

カジュアルに
楽しむカクテル

上野「BAR LEON」 沖田礼生さん

国内外のシードルとともにガレットが楽しめる、レストランバー「BAR LEON」のオーナー。カクテルも料理も一級の腕。今回は、ホームパーティにも向く、カジュアルなカクテルを提案。

（店舗情報はP178へ）

Cider Mojito

シードルモヒート

フレッシュミントたっぷり、
人気のモヒートをシードルで。
クラッシュアイスを使うのがおいしさのコツ。

作り方

グラスにフレッシュミントをひとつかみ入れ、水を少々入れてマドラーなどで軽くつぶす（つぶし過ぎると苦味が出るので注意）。クラッシュアイスでグラスを満たし、シードルを注ぐ。

Cider Beer
シードルビア

ビールをジンジャーエールで割る
「シャンディガフ」をヒントにした
軽やかなカクテル。
暑い日にゴクゴク飲みたいおいしさです。

作り方

シードル（甘口でも辛口でも好みで）とビール（軽めのもの）を1：1の割合で注ぐ。割合は好みでアレンジを。

Tea and Cassis Cocktail
紅茶とカシスのカクテル

好みのリキュールと
シードルを合わせると、
思わぬおいしさが生まれます。
今回は紅茶のリキュール、
カシスのリキュールで。

作り方

氷を入れたグラスに、紅茶リキュール30ml、カシスリキュール10mlを入れ、シードル（辛口）を注ぐ。くし形に切ったレモンを添える。

Hot Cider
ホットシードル

冬に楽しみたい、スパイス香る
温かなシードルショー。
残って気の抜けてしまったシードルを使っても。
きんかんの輪切りを入れるのもおすすめ。

作り方

手鍋にシードル（甘口でも辛口でも）180～200ml、はちみち小さじ1を入れ弱火で温める。シナモンスティック1本、クローブ2粒を入れて、沸騰直前で止め、カップに注ぐ。

Cidre Bellini
シードルのベリーニ

生の桃を使った
フレッシュな香りのカクテル。
季節によって洋梨やメロンなどでも。
フルーツとシードルは相性抜群。

作り方

桃½個分をハンドミキサーにかけるかすりおろす（皮を¼ほど残しておくと風味がよい）。グラスにピューレ状の桃を入れ、レモン果汁、シロップ各少々を加え、シードル（辛口）を注ぐ。好みで氷を入れても。

撮影協力店

今回、撮影、取材に協力していただいた店をご紹介します。
ぜひ訪れて、シードルやカクテル、料理を楽しんでください。

Bar & Sidreria Eclipse first
バー&シドレリア エクリプス・ファースト

東京都千代田区鍛冶町 2-7-10 広瀬ビル 1F
☎ 03-3525-8653
https://www.facebook.com/eclipse.kanda
営 15:00 ～ 24:00　休 日曜

国内外のシードルを豊富に揃え、グラスでも常時4～5種類が飲める。ウイスキーも多数。マスターの藤井達郎さんは、スペインなどシードル産地にもよく出かけているシードル博士。話しも楽しい。神田駅より歩いてすぐ、15時からオープン。

BAR LEON
バー レオン

東京都台東区上野 2-11-1 KII ビル 2F
☎ 03-3833-9833
https://www.facebook.com/barleon.ueno/
営 18:00 ～翌 4:00　休 日曜

国内外のシードルがグラスでも楽しめるほか、マスターの沖田礼生さん自ら腕を振るう料理も充実。特に焼きたてのガレットは、シードルにぴったり。赤と黒を基調にしたインテリアもシックな「隠れ家」的雰囲気だが、気さくなマスターが迎えてくれる。

Tenderly
テンダリー

東京都大田区大森北 1-33-11 大森北パークビル 2F
☎ 03-3298-2155　https://ameblo.jp/bartenderly/
営 17:00 ～翌 1:00（金曜～翌 2:00、祝日～ 24:00）
休 日曜（祝日の場合翌月曜休）

通りに面して大きな窓がある2階の店内は、バーなのにどこか開放的。オープンして20年、温かな包容力があるオーナーの宮崎優子さんを慕い、多くのファンが訪れる。今回掲載のカクテルは、店ではメニューにはないが、注文には応じてくれるそう。

After Taste Bistro & Bar
アフターテイスト

⌂ 東京都新宿区新宿 3-28-16 新宿コルネビル 5F
☎ 03-6273-2001
https://www.facebook.com/AfterTaste.shinjyuku
営 15:00 ～ 25:00　休 年中無休

国産シードルを中心に取り揃え、料理とのペアリングを提案するビストロ＆バー。長野県の契約農家「北原農園」から届くオーガニック野菜を使った料理や、熟成肉も好評。オーナーの小山一哉さんは、スコティッシュ・パブの出身。バーだけの利用も可。

Beer Cellar Sapporo
ビアセラー サッポロ

⌂ 北海道札幌市中央区 南 1 条西 12 丁目 322-1AMS ビル 1F
☎ 011-211-8564　http://beer-cellar-sapporo.com
営 水・木 15:00 ～ 21:00 、金 15:00 ～ 23:00、土 12:00 ～ 23:00、日 12:00 ～ 21:00　休 月・火

アメリカのハードサイダーを輸入している「ファーマーズ」の直営店。ハードサイダーの品揃えは日本一。タップで常時２種類、店内のケースから購入して飲むことも。店長の森岡祐樹さんは大のポートランド好き。本場をお手本にしたインテリアもいい雰囲気。

BARCOM SAPPORO
バルコ札幌

⌂ 北海道札幌市中央区北 2 条西 2-15 STV 北 2 条ビル 1F
☎ 011-211-1954　http://barcom.jp
営木～土・祝前日 16:00-24:00、月～水 16:00-23:00　休 日祝

時計台近くにあるバル。世界 10 カ国以上、約 100 種類のワインを取り揃え、北海道食材にこだわった料理が好評。店の表メニューにはシードルはないが、オーナーの川口剛さんは、実はヨーロッパのシードルマニア。事前に相談すれば、提供も可能（ボトルのみ）。

シードルが買えて飲める店

東京都

日本、アメリカを中心に160種類クラフトビールとサイダーを販売

北沢小西（下北沢）

東京都世田谷区代沢5丁目28-16
☎ 03-3421-0932
http://kitazawakonishi.com

長野のシードルを探すならここ。日替わりのグラス提供も。

銀座 NAGANO（銀座）

東京都中央区銀座5丁目6-5
☎ 03-6274-6015
https://www.ginza-nagano.jp

日本全国のワインが揃う。抜栓料をプラスすればバーでも飲める。

JIP ワインバー＆ワインショップ（新宿）

東京都新宿区 新宿2丁目7-1
☎ 03-6380-1178
http://jipwine.com

アメリカのクラフトビールとハードサイダーが買えて、飲める。

ビアセラー東京（狛江）

東京都狛江市 和泉本町 1-12-1 豊栄狛江マンション 101
☎ 03-5761-7130
http://www.beer-cellar-tokyo.com

ヨーロッパ＆国産クラフトビール、サイダーを生で。ボトルショップも。

Pigalle Tokyo（三軒茶屋）

東京都世田谷区太子堂 2-15-8
☎ 03-6805-2455
http://www016.upp.so-net.ne.jp/pigalle/

セラーで買って、ビストロで飲める。シードルは事前に在庫確認を。

Wineshop & Diner FUJIMARU（浅草橋）

東京都中央区東日本橋 2-27-19 Sビル 2F
☎ 03-5829-8190
http://www.papilles.net/shops/

イギリスのサイダーはここで！ 奥のカウンターでグラス提供も。

ワイン・スタイルズ（御徒町）

東京都台東区台東 3-40-10 大畑ビル
☎ 03-3837-1313
https://winestyles.jp

青森県

青森産シードルを販売。抜栓料をプラスしてバーで飲むことも。

Wine&Sake Room Rocket&Co.

青森県青森市新町 1-3-34
☎ 017-715-9024
http://www.imxprs.com/free/ryunzo/rocketco

長野県

自社ワイン、シードルが飲めるおしゃれなカフェ。

はすみふぁーむ＆ワイナリー Café 上田柳町店

長野県上田市中央 4-7-34
☎ 0268-75-0450
http://hasumifarm.com

東京都

国産シードルのほか、ウイスキーやカクテルも。パスタも美味。
アフターテイスト コモド トラットリア&バー（新宿）
東京都新宿区西新宿 1-14-3 新宿ひかりビル 4F
☎ 03-5990-5522
https://www.facebook.com/AfterTaste.COMODO

青森や長野のシードルをグラスで楽しめる。オリジナルシードルも。
ガルツ シードル&ワインバー（武蔵小山）
東京都品川区小山 3-2-5
☎ 070-6949-0810
https://www.facebook.com/Garutsu-Cidre-Wine-bar-299112856950008/

日本ワインの品揃えが充実したワイン居酒屋。
蔵葡／Kurabuu（銀座一丁目）
東京都中央区築地 1-5-11 AS ONE GINZA EAST
☎ 03-6264-1759
https://www.facebook.com/pg/kurabuutukiji

ハードサイダーが飲めるカリフォルニアスタイルのベーカリーカフェ。
クロスロードベーカリー（恵比寿）
東京都渋谷区恵比寿西 1-16-15
☎ 03-6277-5010
http://crossroadbakery.com

クラフトビール、ウィスキー、シードルが飲めるビストロパブ。
The Royal Scotsman（神楽坂）
東京都新宿区神楽坂 3-6-28 土屋ビル
☎ 03-6280-8852
http://www.royalscotsman.jp

北フランスの港町サンマロの郷土料理をシードルとともに。
St.Malo／サンマロ（用賀）
東京都世田谷区用賀 4-9-2 SHOWA ビル 1F
☎ 03-6805-7305
http://st-malo.club

タムラシードルと新鮮野菜料理の相性は抜群。
たべごとや のらぼう（西荻窪）
東京都杉並区西荻北 4-3-5
☎ 03-3395-7251

ポートランド発の自然派レストラン。サイダーはドイツのオーガニック。
navarre Tokyo／ナヴァー トーキョー（表参道）
東京都渋谷区渋谷 2-9-8 SBH青山通りビル
☎ 03-6450-6341
https://www.facebook.com/navarre.japan

本場のシェリー酒、シードルでタパスを。カクテルもウイスキー豊富。
BAR MIZ（表参道）
東京都渋谷区渋谷 2-2-4 青山 ALUCOVE203
☎ 03-6433-5906
https://www.facebook.com/Bar-MIZ-1537961819780128/

東京都

クラフトビールとサイダーを、おいしいイタリアンとともに。

ビアットリア ミャゴラーレ（千歳烏山）

⌂ 東京都世田谷区南烏山 6-5-7 明光ビル新館
☎ 03-6886-1053
https://www.facebook.com/BeerttoriaMiagolare/

パリのブレッツカフェの姉妹店。本場ブルターニュのシードルとガレットを。

ブレッツカフェ クレープリー ル・コントワール恵比寿（恵比寿）

⌂ 東京都渋谷区恵比寿 4-11-8 グラン・ヌーノ 1F
☎ 03-6455-7100
http://www.le-bretagne.com ＊都内に店舗多数あり

アメリカのクラフトビールが多数飲める。サイダーも。

ホップ・スコッチ（飯田橋）

⌂ 東京都千代田区富士見 2-2-11 井上ビル 1F
☎ 050-3136-9699
http://www.hopscotchtokyo.com

英国アスポールサイダーを直輸入。ドラフトが飲めるパブ。

ホブゴブリン六本木（六本木）

⌂ 東京都港区六本木 3-16-33
☎ 03-3568-1280
http://www.hobgoblin.jp ＊赤坂、渋谷にも店舗あり

ガラス張りの醸造所を眺めながら、自家醸造のビールとシードルを。

ミヤタビール（錦糸町）

⌂ 東京都墨田区横川 3-12-19 松井ビル 1F
☎ 03-3626-2239
http://miyatabeer.com

おいしいガレットと、ここでしか飲めないブルターニュのシードルを。

メゾン ブルトンヌ ガレット屋（笹塚）

⌂ 東京都渋谷区笹塚 3-19-6
☎ 03-6304-2855
http://maisonbretonne-galette.com

神楽坂の古民家でシードルとオーガニックワイン、ブルターニュ料理を。

ル ブルターニュ バー ア シードルレストラン（神楽坂）

⌂ 東京都新宿区神楽坂 3-3-6
☎ 03-5229-3555

角打スタイルの立ち飲みバー。日本酒メインだが、ワイン、シードルも。

蔵家 SAKELABO（町田）

⌂ 東京都町田市中町 1-1-4 NO.R 町田北ビル
☎ 042-709-3628
https://www.facebook.com/kurayasakelabo/

シードルアンバサダーがいる店。国内外のシードルをスペイン料理で。

横丁ワイン酒場 LiDO（多摩センター）

⌂ 東京都多摩市落合 1-11-3
☎ 042-400-7445
http://www.lido-vins.com

神奈川県

クラフトビールと国産シードルが楽しめるビアバー。飲み比べセットあり。

Noge West End ／ノゲ・ウエスト・エンド（日ノ出町）

神奈川県横浜市中区宮川町 2-16 藤井ビル
045-231-0133
https://www.facebook.com/NogeWestEnd/

フルーツを使ったカクテル、シードル、デザートワインなど。

バー・スーパー・ノヴァ（関内）

神奈川県横浜市中区相生町 4-65 ポラリスビル 3 F
045-641-8086
http://www.barsupernova.com

扱うお酒の９割が日本のお酒。もちろんシードルも国産で。

びじゃぽん（桜木町）

神奈川県横浜市中区宮川町 2-28 前田ビル 1F
045-243-2121
http://barvillapon.blog58.fc2.com/blog-entry-2.html

横浜の老舗ブリティッシュ・パブ。ドラフト・サイダーも飲める。

フルモンティ（日ノ出町）

神奈川県横浜市中区福富町西通 41 北原ビル
045-334-8787
http://fullmontyyokohama.com

青森県

自家醸造のシードルやワインを、青森の食材にこだわった料理とともに。

オステリアエノテカ ダ サスィーノ（弘前）

青森県弘前市本町 56-8
0172-33-8299
http://dasasino.com ＊ピッツェリアもあり。

シードル醸造所を併設したカフェバー。ボトルの販売も開始。

代官町 café&bar（弘前）

青森県弘前市代官町 13-1
http://garutsu.co.jp/cafe/

群馬県

シードル、カルヴァドス、ミードが飲めるダイニングバー。

ル コアンバール（新前橋）

群馬県前橋市古市町 1-14-15 リヨンビル 3F
090-8859-1723
https://www.facebook.com/pg/coin215

埼玉県

海外、日本のシードルから常時ラインナップ。グラスで飲める。

ワインスタンド PON！（本川越）

埼玉県川越市仲町 5-7
049-224-2626
http://kawagoe4.wixsite.com/winestandpon

長野県

カジュアルなイタリアン。信州のシードルをどうぞ。

オステリア・ガット（長野）

長野県長野市北石堂町 1366-1 千石ジャシイビル 1 F
026-228-8816
http://gatto.naganoblog.jp

長野県

軽井沢アンシードルを始め、長野のワインやシードルを。

カフェ＆ワインバー オーデパール（軽井沢）

長野県北佐久郡軽井沢町軽井沢 1178
☎ 0267-31-6233
http://au-depart.jp

ローストチキンとシードルの店。長野のシードルを豊富にラインナップ。

信州松本りんごバル（松本）

長野県松本市深志 1-2-5 上條医院ビル 1F
☎ 0263-88-8875
https://www.facebook.com/ 信州松本りんごバル -1958606544413830/

スペインのシードラ、信州のシードルが飲めるレストラン＆バー。

スペインバル モナチューロス（松本）

長野県松本市中央 1-4-15 アイケイビル
☎ 0263-36-6078
http://www.mona-chu.com

ガレット専門店。ブルターニュと信州のシードルを。

モンカバ（松本）

長野県松本市大手 2-3-20
☎ 0263-88-7188
http://www.monkava.com

長野ワインがグラスで飲める。シードルイベントも開催。

ワキン酒場かもしや（松本）

長野県松本市中央 1-10-34
☎ 0263-32-6338
http://kamoshiya.naganoblog.jp

京都府

スペインのシードラを、自慢のテリーヌ、アヒージョなどとともに。

スペインバル・シドラ（京阪三条）

京都府京都市左京区孫橋町 31-4 ペンタグラム川端御池 1F/B1F
☎ 075-708-6796
http://www.sidra.jp

広島県

料理もおいしい立ち飲み有名店。シードルアンバサダーがいる店。

アイニティ（広島）

広島県広島市中区八丁堀 12-20 チュリス新八丁堀ビル 1F
☎ 082-962-7002
https://facebook.com/pages/ アイニティ /340622149379769

山口県

ワイン＆シードルバー。シードルアンバサダーがいる店。

Bar 和音 ～わおと～（新山口）

山口県山口市小郡下郷 1288-36 塩見ビル1F
☎ 083-974-4599
https://facebook.com/Bar- 和音 - わおと -274074605992503/

シードルが買える店

※時期によって在庫が異なりますので、必ず事前にお確かめください。

東京都

ヨーロッパの自然派ワインやシードルを。オンラインショップあり

銀座・カーヴフジキ（銀座）

⌂東京都中央区銀座 4-7-12
☎ 03-6228-6111
http://www.ginzafujiki-wine.com

自然派ワインの宝庫。シードルも自然派メインで入荷。

ショップ フェスティヴァン（新宿）

⌂東京都新宿区新宿 3-14-1 伊勢丹新宿店 本館 B2F
☎ 03-3352-1111
http://isetan.mistore.jp/onlinestore/brand/003199/list

北海道産のシードルを限定入荷。北海道のチーズと合わせて。

チーズの声（清澄白河）

⌂東京都江東区平野 1-7-7 第一近藤ビル
☎ 03-5875-8023
http://food-voice.com

世界の酒、ワインが揃う。シードルの在庫はお問い合わせを。

出口屋（中目黒）

⌂東京都目黒区東山 2-3-3
☎ 03-3713-0268
http://www.deguchiya.com

世界の食品が揃うスーパーマーケット。

日進ワールドデリカテッセン（麻布十番）

⌂東京都港区東麻布 2-34-2
☎ 03-3583-4586
http://www.nissin-world-delicatessen.jp

世界と日本の自然派ワインが豊富。シードルも自然派が手に入る。

リカーズのだや（千駄木）

⌂東京都文京区千駄木 3-45-8
☎ 03-3821-2664
https://www.facebook.com/sakenodaya/

世界の酒のワンダーランド。フランスの自然派シードルはここで。

目白田中屋（目白）

⌂東京都豊島区目白 3-4-14 田中屋ビル
☎ 03-3953-8888
http://tanakaya.cognacfan.com

世界のワインが豊富。厳選シードルも。オンラインショップもあり。

モリタヤ（雑色）

⌂東京都大田区東六郷 2-9-12
☎ 03-3731-2046
http://sakemorita.com

自然派ワインの品揃え、クオリティは抜群。シードルもあり。

リカーランドなかます（梅ヶ丘）

⌂東京都世田谷区梅丘 1-23-7
☎ 03-3420-5506
https://www.facebook.com/umegaoka.nakamasu/

東京都

ワインの宝庫。レアなシードルも。オンラインショップもあり。

ワイン マーケット パーティ（恵比寿）

東京都渋谷区恵比寿 4-20-7
☎ 03-5424-2580
http://www.partywine.com

自然派ワインの品揃えに定評が。オンラインショップもあり。

リカー MORISAWA（多摩市）

東京都多摩市東寺方 563
☎ 042-374-3880
https://www.rakuten.ne.jp/gold/morisawa/

千葉県

世界のシードルの品揃えも豊富。オンラインショップもあり。

いまでや

千葉県千葉市中央区仁戸名町 714-4
☎ 043-264-1439
http://www.imadeya.co.jp

神奈川県

ワイン好きに定評のある店。オンラインショップもあり。

エスポア しんかわ（青葉台）

神奈川県横浜市青葉区榎が丘 13-10
☎ 045-981-0554
https://www.rakuten.co.jp/shinkawa/

世界のワインが多数ラインナップ。オンラインショップもあり。

ワイン&リカーズ ロックス・オフ（藤沢）

神奈川県藤沢市鵠沼石上 2-11-16
☎ 0466-24-0745
http://rocks-off.ocnk.net

フランスとイタリアのワイン中心。オンラインショップもあり。

ワインショップ藤屋酒店（秦野）

神奈川県秦野市今川町 2-12
☎ 0463-81-0718
http://www.fujiyasaketen.com

国産ワインとシードルも豊富。オンラインショップあり。

鴨宮かのや酒店（小田原）

神奈川県小田原市南鴨宮 2-44-8
☎ 0465-47-2826
http://www5a.biglobe.ne.jp/~kanoya/

茨城県

通販のみ。日本と世界のシードル各種あり。

葡萄酒造ゆはら（つくば）

茨城県つくば市松代 2-10-9
☎ 029-875-6488
http://wine-yuhara.com

長野県

世界の酒と、輸入食品が揃うユニークな店。

酒のなかきや（伊那）

⌂ 長野県上伊那郡南箕輪村南原 8304-180
☎ 0265-72-2767
https://www.facebook.com/sakenonakakiya/

地元伊那のシードルはもちろん、信州の酒全般を網羅。

酒文化いたや（伊那）

⌂ 長野県伊那市日影 171
☎ 0265-72-2331
http://www.itaya21.com/?Home

信州のお酒をセレクト。シードル情報も発信中。

松屋ごとう酒店（飯田）

⌂ 長野県飯田市箕瀬町 2 丁目 2514
☎ 0265-22-0456
https://www.facebook.com/matuyagoto/

その他

アプルヴァルを始め、シードル、カルヴァドスが揃う。

信濃屋

⌂ ☎ 03-3412-2448（代表）
http://www.shinanoya.co.jp

直輸入のフランスのシードルを数種類販売。

スーパーマーケット成城石井

⌂ ☎ フリーダイヤル　0120-141-565
http://www.seijoishii.co.jp

ノルマンディーのクール・ド・リヨンを販売。

明治屋

⌂ ☎ フリーダイヤル　0120-565-580
http://www.meidi-ya.co.jp

ブルターニュのラ・ブーシュ・オン・クールを販売。

カルディコーヒーファーム

⌂ ☎ フリーダイヤル　0120-415-023
https://www.kaldi.co.jp

※最寄りの店舗、在庫はお問い合わせください。いずれもオンラインショップあり。

あとがき

2017年12月1日、私の地元、長野県飯綱町でシードルの醸造を目指す「北信五岳シードルリー株式会社」を、シードル農家仲間とともに設立しました。長野県北部（正確には新潟も入ります）の北信五岳（飯綱山、戸隠山、黒姫山、妙高山、斑尾山）を望む地域のりんご農家と美味しいシードルを作り、りんご畑が広がる同地域を北信五岳シードルバレーとして、世界のCiderファンに向けてNagano Ciderを発信していこうという大きな夢の小さな一歩です。

そんな私とシードルの出会いは、13年前に遡ります。

父「シードルって知ってるか？」、

私「なにそれ？」と、そんな会話からだったと思います。りんごの専業農家をしている実家の一里山農園がシードルを売り始めたきっかけは、豊作でたくさん搾ったりんごジュースを、りんごのお酒にできないかという話が所属する生産者組合で出たことでした。そのときのりんごジュースがシードルになることは無かったのですが、りんごそのものからシードルを委託醸造し、販売していく取り組みを、2005年に父と始めました。

当時、まだシードルを販売する農家はほとんどなく、本当に売れるのかはわかりませんでしたが、初めてシードルを飲んだときの感動、新しいことを始めるワクワク感に加え、子供の頃はりんご畑で遊んだり、手伝いをしたり、台風や日照りで畑のことを心配する両親の背中を見て育ち、中小企業診断士でもある私が、りんご100％で作るシードルに可能性と希望を見出すまでに時間はかかりませんでした。

始めた当時、シードルのことを相談できる人は周囲におらず、酒販免許の取得や販売など、何もかも手探りのスタートでしたが、2015年4月には人材育成と情報発信を通じてシードルの普及を目指す「日本シードルマスター協会」を設立させていただくまでになりました。2016年から東京、北海道、長野で開催しているイベント「シードルコレクション」、2017年にスタートしたシードルアンバサダー認定試験、そして2018年、日本初となる純国産シードル専門書となる本書発売が実現できた背景には、多くの方との出会いと支えがありました。ここに感謝の意を表したいと思います。

・シードルの委託醸造を請けて頂いた小布施ワイナリー様

・初挑戦のシードルを支えて頂いた一里山農園のお客様
・シードル事業や業界振興に知恵や人脈を与えて頂いた中小企業診断士の諸先輩方
・農家と消費者が直接交流する「農家ライブ」でシードル魅力を伝えさせて頂いた六本木農園様（現在は閉店）
・日本シードルマスター協会設立の背中を押してくれた「農家のせがれ」やHARB Style JAPANの仲間たち
・初めてシードルの会を共同開催したCidre & Wine BAR GARUTSUの笹島雅彦オーナー
・イベントやセミナーの会場を快く提供くださったBar & Sidreria Eclipse firstの藤井達郎オーナー
・ユニークなシードルの会の開催を重ね、新しいシードルの楽しみ方を提案し続ける特認シードルアンバサダーの渡部麻衣子さん
・東京シードルコレクションにご協力いただいた協賛各社、協力店の皆様、実行委員会メンバー
・北海道シードルコレクションにご協力いただいた北海道の生産者様、農Styles様、実行委員会メンバー
・長野シードルコレクションを主催していただいたNPO国際りんご・シードル振興会とポムドリエゾンの皆様
・シードル普及に日々尽力されているシードルアンバサダーの皆様
・全国各地にシードルの盛り上がりや取り組みを伝えていただいたメディア各社様

ここに名前を挙げきれない方が、まだまだいらっしゃいます。
皆様、本当にありがとうございます。

日本でシードルに注目が集まっているとはいえ、まだまだ世界レベルではありません。しかし、近い将来、日本でもごく普通にシードルが飲める時代が来ることは、私にとって想像に難くありません。

ひとりでも多くの方にシードルに注目してもらうこと、好きになってもらうこと、そして楽しんでもらうことを大切にして、りんご産地にシードル文化を築き、皆さんのグラスにシードルが注がれる機会をもっともっと増やしていきたいと思います。

2017年12月1日

一般社団法人日本シードルマスター協会代表理事
小野 司

日本シードルマスター協会とは？

欧米のようなシードル・サイダー文化を日本に築き、シードルを「いつでも」「どこでも」「おいしく」飲める日常を目指し、2015年に発足。「シードル文化の発信と提案」、「シードルの正しい知識を持つ人材の育成」をメインに活動を行ってきました。「東京シードルコレクション」をはじめとするシードルの試飲イベントや、シードルに関する正しい知識を有する人材の育成を目的とした「シードルマスター」「シードルアンバサダー」認定試験の実施、など、さまざまな活動を通してシードル文化の普及に努めています。

協会は会員制で、個人会員、法人会員があり、どなたでも入会できます（詳しくは、協会公式ホームページをご覧ください）。

主な事業

市場および業界調査、コンテンツ制作事業
人材育成および資格認定、イベント企画および運営

公式ホームページ　http://jcidre.com

シードルアンバサダーとは？

Certification of Cider Ambassador (CCA)

協会では、世界各国のシードルやりんごの文化を正しく理解し、情報提供を行える人材を「シードルアンバサダー」として認定しています。産地の文化や生産者の個性が強く反映されるシードルを、よりおいしく味わい、楽しむためには、最低限の知識と経験が必要です。また、りんごやシードルの生産者と消費者の橋渡し役としても期待されています。

認定試験は、不定期で年に3回ほど行われます。マークシート形式の試験29問とテイスティング1問の、合計30問で構成されています。試験時間は30分で、合格ラインは正答率70%以上です。

詳しい情報や申し込み方法は、日本シードルマスター協会ホームページをご覧ください。

シードルコレクションとは？

活動の大きな柱として、「シードルコレクション」を開催しています。日本各地のシードルメーカー、輸入シードルのインポーターが出展し、みんなでシードルを楽しむお祭りです。これまで、東京、北海道、長野で行われ、各地で恒例のイベントとして定着しつつあります。

第2回
東京シードル
コレクション

2017年7月30日
@海岸 ANNEX スタジオ

日本のシードル約30ブランド、海外のシードル約20ブランドが参加。イギリスの生産者「ワンス・アポン・ナ・ツリー」のサリー・ブース女史を招き、トークやセミナーも行われました。

監修

小野 司 おの・つかさ

一般社団法人
日本シードルマスター協会　代表理事
経済産業大臣登録 中小企業診断士

1977年、長野県飯綱町のりんご農家に生まれる。2008年、IT系コンサルティングファームに勤めながら中小企業診断士に合格し、2011年独立。2015年4月、シードルの認知度向上と食文化としての定着を目指して日本シードルマスター協会を設立。
2017年12月、北信五岳シードルリー株式会社を設立。出身地の飯綱町にシードル醸造所建設を目指す。

STAFF

デザイン・装丁　大橋麻耶

撮影　菅原史子

イラスト　宮野耕治

編集　菅野和子

写真協力　飯綱町産業観光課、田中球絵、松井ゆみ子、森岡祐樹、森本智子、湯本　修、ドイツ政府観光局、各生産者・インポーターのみなさま

取材協力　いいづなアップルミュージアム、田中球絵、馬場祐治、藤井達郎、渡部麻衣子、成田翔一　（敬称略）

参考文献

『世界のシードル図鑑』（ビル・ブラッドショー／原書房）、
『リンゴの歴史』（エリカ・ジャニク／原書房）、
『信州りんご文化史』（市川健夫／ゆにーく）、
『なぜ「リンゴ」は体にいいのか？』（櫛引博敬／タツの本）、
『林檎の力』（田澤賢次／ダイヤモンド社）、
『リンゴを食べる教科書　健康果実の秘密』（丹野清志／ナツメ社）、
『CIDER MANUAL』（Bill Btadshaw ／ Haynes Publishing）、
「フランスのリンゴ酒シードルとその蒸留酒カルヴァドスの歴史」（境博成／日本醸造協会誌）

海外のブランドから国産まで
りんご酒の魅力、文化、生産者を紹介

シードルの事典

NDC596

2018年1月21日　発　行

監　修　小野　司
発行者　小川雄一
発行所　株式会社 誠文堂新光社
〒113-0033
東京都文京区本郷3-3-11
（編集）電話03-5805-7285
（販売）電話03-5800-5780
http://www.seibundo-shinkosha.net/
印刷所　株式会社 大熊整美堂
製本所　和光堂 株式会社

ISBN978-4-416-51793-2